A GLOBAL GEOGRAPHY BOOK FOR CHILDREN

写给孩子的环球地理书

★让孩子脑洞大开的奇趣地理科普书★

和继军 / 编著

WONDERFUL LAND

奇妙的陆地（一）

航空工业出版社

内容提要

《写给孩子的环球地理书·奇妙的陆地》以陆地为主题，主要讲述世界范围内陆地奇特的地貌类型及其成因、分布等。世界地形、地貌复杂多样，本书将带领孩子们认识世界各地缤纷多彩的地貌形态。

图书在版编目（CIP）数据

奇妙的陆地 ：全2册 / 和继军编著. -- 北京 ：航空工业出版社，2021.6
(写给孩子的环球地理书)
ISBN 978-7-5165-2537-1

Ⅰ．①奇… Ⅱ．①和… Ⅲ．①地貌－世界－青少年读物 Ⅳ．① P931-49

中国版本图书馆 CIP 数据核字（2021）第 084203 号

奇妙的陆地:全2册
Qimiao De Ludi

航空工业出版社出版发行
（北京市朝阳区京顺路5号曙光大厦C座四层 100028）
发行部电话：010-85672688 010-85672689

北京楠萍印刷有限公司印刷　　全国各地新华书店经售
2021年6月第1版　　2021年6月第1次印刷
开本：787×1092 1/16　　字数：45千字
印张：6.25　　定价：218.00元（全6册）

总序 PREFACE

《写给孩子的环球地理书》分为《奇幻的海洋》《奇妙的陆地》《奇异的气象》三种，共六册，内附大量趣味故事、知识链接、拓展阅读，是专为孩子们打造的地理科普读物。

《奇幻的海洋》以海洋为主题，展开介绍世界各地海域、海湾、海岸、海岛等千姿百态的奇特景观，让孩子更加深入了解、认识海洋。看似遥远神秘的海洋，其实与我们的生活息息相关，我们似乎熟悉它，但是却不一定了解它。如何解释“后浪推前浪，前浪拍在沙滩上”的现象？哪片海是世界上唯一的双层海？死而复生之地在哪里？这些好玩的问题都可以从这本书中找到答案。

《奇妙的陆地》主要讲述世界范围内陆地奇特的地貌类型及其成因、分布，世界地形、地貌之最等。世界地形、地貌复杂多样，除了有高原、山地、平原、丘陵、盆地等基础地形外，还有雅丹地貌、沙漠地貌、丹霞地貌、喀斯特地貌、火山地貌、冰川地貌、流水地貌等特色地貌。本书将带领孩子们认识世界各地缤纷多彩的地貌形态。

《奇异的气象》主要介绍与我们日常生活密切相关的常见的天气现象和一些奇异的天气现象，气温变化带来的不同的自然景观，大气中的光学现象，极端天气下的气象灾害预警等知识。天空中的云，飘逸潇洒，供人欣赏、仰望和赞叹。但是出现哪些云，是下雨的征兆？日晕、月晕、日华都是如何形成的？佛光为何物？本书将地理知识与生活紧密连接起来，助力孩子们轻松地解锁自然的奥秘。

世界是丰富多彩的，充满了无限的魅力，只有通过不断地认识，不断地探索，才能破解更多的自然奥秘。本书融知识性、科学性、趣味性、新奇性于一体，是一部孩子增长地理学知识、开阔视野、领略地球之美的良好读物。

序言 PREFACE

大自然是神奇的造物主，将我们赖以生存的陆地雕琢成各种形态，有连绵的山脉，起伏的丘陵，低洼的盆地，广袤的平原……这些都是地表最基本的形态，为普通人所知晓。但是在世界上还有一大片地貌景观，它们是鬼斧神工的杰作，巧夺天工的奇观，让人大开眼界，使人不禁惊叹：世界上怎么会有这么奇特的地貌景观？！它们是被誉为大自然雕塑作品展的雅丹地貌、画家手中调色板的丹霞地貌、世人称奇的喀斯特地貌、开出花来的沙漠地貌、从磅礴海洋长成巍峨高山的冰川地貌、千姿百态的火山地貌等，广泛分布于我国。

在我国西北地区，有很多优美的自然风光，湖泊、沙漠、峡谷、戈壁、雪山、冰川、丹霞地貌、雅丹地貌……何为“丹霞地貌”“雅丹地貌”？光看名

称，地理小白肯定一头雾水，其实这些都是用来形容地貌的地理学名词。“雅丹”的维吾尔语为“陡壁的小丘”，这是一种典型的风蚀地貌，以西北干旱多风区所特有，尤以新疆为盛。丹霞地貌的名称来源于广东丹霞山，是以红色岩石、山崖为特色的地貌类型。

我国桂林除了山水闻名于世之外，最为人称道的是它的喀斯特地貌，主要有石芽、石林、峰林、天生桥等地表喀斯特景观，山中有洞，无洞不奇。喀斯特地貌，中国称之为岩溶地貌，是水对可溶性岩石溶蚀与沉积，以及机械等作用形成的地貌，在中国分布最广。

被人们称为“地球表面上，集所有奇观之大成”的美国黄石国家公园，是世界最大的公园，诞生于200万年前的一次火山爆发，形成了典型的火山地貌，大部分是火成岩高原地形，地下岩浆一天比一天激烈地滚动。伦敦的火山学专家麦克吉尔说道：“黄石公园就像盖在一个巨大的高压锅上的不很结实的锅盖。”

世界陆地面积约1.49亿平方千米，占全球总面积的29%，辽阔的陆地面积造就了各种纷繁复杂的地形地貌，影响着人类的活动，而人类的活动对地貌发育的影响也是不容忽视的，修筑梯田、开河挖渠、修建水库、围海造田、开采矿石等都会影响地貌形态。我们既要保持对自然的敬畏，又要靠智慧改造环境，营造更加美好的生态环境。

常见地貌名词图鉴

雅丹地貌

是出现于干旱荒漠地区的一种典型的风蚀地貌。由于这些地区降水稀少，因此风力侵蚀便成为雅丹不断变化的主力。它是相间排列的风蚀陇脊、土墩、沟槽、洼地等地貌形态组合，造型多姿，形态诡异，身处其中如入迷宫一般。

沙漠地貌

是一种由风力堆积作用形成的地貌。风积地貌一般指的是沙漠里面的“沙丘”，沙丘有流动沙丘、固定沙丘和半固定沙丘，流动沙丘在盛行风的作用下，会形成新月形沙丘。此外还有沙丘链、沙垄、沙地。

喀斯特地貌

是水对可溶性岩石进行以化学溶蚀作用为主，流水的冲蚀、潜蚀和崩塌等机械作用为辅形成的地貌。地表有石芽、溶沟，喀斯特盆地、峰林等；地下有溶洞、地下河、暗湖。

火山地貌

是指岩浆经火山喷发或从地壳裂缝溢出，沿着地面流动冷却形成的地貌形态。如熔岩丘、熔岩垅岗、熔岩盖、熔岩隧道、熔岩堰塞湖。

冰川地貌

是指由冰川侵蚀搬运和堆积作用形成的各种形态的地貌总称，包括冰蚀地貌、冰碛地貌、冰水堆积地貌。广泛分布于欧洲、北美洲和中国西部高原山地等。

流水地貌

是指地表流水在流动过程中侵蚀地面形成各种侵蚀地貌，且把侵蚀的物质搬运堆积形成各种堆积地貌，这些侵蚀地貌和堆积地貌统称为流水地貌。如河谷、冲积平原等。

丹霞地貌

是指红色砂砾岩经过长期风化作用和流水侵蚀而形成错落有致、孤立陡峭的红崖丹壁，因形态丰富、色彩斑斓而称为自然奇观，具有很高的旅游观赏价值。

惊艳世界的奇特地貌

Part 1 赤壁丹霞风光美

Part 2 荒凉神秘的角落

Part 3 岩为纸水为笔绘出奇景

Part 4 火山爆发后的冷静

Part 5 雪原中的华丽装饰

Part 6 喷涌而出的音符

Part 7 大自然的神奇造化

震撼人心的中国地貌

Part 1
风魔王的鬼斧神工

Part 2
色彩斑斓　地质极品

Part 3
因风而起　沙动成流

Part 4 千奇百怪 美轮美奂

Part 5 火山喷发形成的景区

Part 6 高原上的冰雪奇缘

Part 7 流动的节拍

Part 8 叹为观止的地形

惊艳世界的奇特地貌

世界地貌类型复杂多样，造就了与众不同的绚丽景观，堪称巧夺天工的杰作，鬼斧神工的奇观。它们或让人们感到震惊，或让人们感到诡异，或美得让人窒息……本章主要介绍几种惊艳世界的奇特地貌类型：丹霞地貌、沙漠地貌、喀斯特地貌、火山地貌、冰川地貌、流水地貌。

赤壁丹崖风光美

如果你经常旅游，那么一定见过赤壁丹崖的美丽风光，这就是一种丹霞地貌。丹霞地貌是一种由陆相红色砂砾岩构成的具有陡峭坡面的各种地貌形态，丹霞地貌主要分布在美国西部、中欧和澳大利亚等地。

波浪中的摇篮——加拿大爱德华王子岛

在加拿大爱德华王子岛，有非常著名的丹霞地貌。它以特殊的红土地质造就出迷人的景致。它们都是二叠纪近乎水平的红色沉积岩，岩质较软。高达十余

米的海蚀崖，岩石棱角圆滑，非常壮观。

有“海湾公园”之称

加拿大人有一则美丽的传说：上帝创造了一点土，把它放在波涛汹涌的大西洋中，于是就有了“波浪中的摇篮”之称的小岛，当地原住居民印第安人称之为“阿拜古威特”。后来，为了纪念女王伊丽莎白二世的父亲、乔治五世的儿子爱德华王子，于是将这个岛命名为爱德华王子岛。

> **知识链接**
>
> 在加拿大童话故事《绿山墙的安妮》中有一座绿色小木屋。它位于树林深处，其颜色白绿相间，外面围着白色栅栏。小屋位于爱德华王子岛国家公园。现在，小屋及周围景致都按照小说中描写的样子进行了修整，包括房间里的缝纫机、纺织机、红色小椅子和未完成的裙子，成为一道风景。

爱德华王子岛位于圣劳伦斯湾南部，西南隔 15 千米宽的诺苏姆伯兰海峡，与新不伦瑞克省和新斯科舍省一水相隔，风景秀丽，素有“海湾公园”的雅称。全岛形似弯月横卧，自西而东由王子、皇后、国王三部分组成。

美丽的岛上风光

爱德华王子岛南北长 224 千米，东西宽 6 ~ 64 千米。由于土壤中含有大量的氧化铁，所以地面呈红褐色，土质肥沃。绵延的红色沙滩以及砂岩海岸、绛红的阡陌衬托出油绿起伏的农田，构成了一幅绝美的岛上风光图。在爱德华王子岛，还有非常著名的爱德华王子岛国家公园。北海岸的卡文迪许东部是非常不规则的，但是海的威力非常大，甚至还越过海湾口，筑成了大型沙丘以及海滩。

爱德华王子岛以农、渔业为主，肥沃的红土孕育出优质的马铃薯，几乎供应全加拿大半数所需，而礁岩和沙滩交互的海岸毫无污染，使得底栖性鱼类、螯虾、生蚝、贝类、蚌壳类产量丰富。

地球上荒芜人烟之地——美国死谷国家公园

死谷国家公园位于美国加利福尼亚州东南部，这里有盐碱地、沙丘、火山口、峡谷等地貌奇景。它曾是拓荒移民的一大障碍，因而得名“死谷”。1994年，死谷由国家保护区成为美国国家公园。

恐怖的死亡之谷

死谷长225千米，最窄处为6千米，最宽处则有26千米。这里因悬崖陡峭难行，气候干燥难忍，自然环境恶劣无比，拥有“死人山口”“干骨谷”“葬礼山”等恐怖的称号。它形成于约300多万年前，由于地球重力将地壳压碎成巨大的岩块所致，当时部分岩块突起成山，部分倾斜成谷。直至冰河时代，气势磅礴的湖水灌入较低的地势，淹没了整个盆底，又经过几百万年烈火般的日晒，逐渐干涸成荒漠。现在展露在大自然中的死谷，只是一层层泥浆与岩盐层的堆积。

死谷环境恶劣，是北美洲地势最低、气候最干燥、温度最炎热的地区。夏季，这里如火炉般炎热，几乎常年不下雨，气温经常高达43℃。

会走路的石头

死谷中的自然奇观很多，最吸引人的地方要算“会走路的石头”。这些石头竖立在龟裂的干盐湖地面上。干盐湖长达5000米，名为“跑道”。石头大小不

知识链接

在意大利那不勒斯和瓦维尔诺湖附近，也有一个“死谷”。据调查统计，每年在此死于非命的各种动物达3万多头，所以意大利人又称它为“动物的墓场”。意大利的一些专家、学者曾多次对“死亡谷”进行过考察研究，但至今没有找到确切的答案，大自然真是无奇不有。

一，外观平凡，奇怪的是每一块石头都在地面上拖着长长的凹痕，有的笔直，有的弯曲或呈之字形。这些痕迹看起来是石头在干盐湖地面上自行移动造成的，有些长达数百米。

石头为什么会移动呢？说法不一，有人认为是超自然力量使然，有人认为与不明飞行物体有关。其实，这里的石头移动是由于风雨作用形成的。只要山里吹来一阵疾风，就能使石头沿着湿滑的泥面移动，速度可达每秒 1 米。

谷底的生命奇葩

死谷的自然条件极其恶劣。降水也很稀少，年平均降水量只有 42 毫米，最多时有 114 毫米。谷底部有干涸的阿马戈萨河床，沙丘遍地，怪石嶙峋。谷中央是一片 155 平方千米的沙丘群，是谷底最荒芜的地方。

虽然这里环境恶劣，却并非毫无生机。这里植物稀少，只在沼泽边缘有一些耐盐碱的盐渍草、灯心草等。其中有一种开白花的岩生稀有植物，茎叶长满茸毛，能抵挡干燥的风。此外，这里也是动物难得的繁衍之地。美洲狮、野山羊、大袋鼠、狐狸、眼镜蛇等 26 种动物在这里栖息，另有 14 种鸟类在山上筑巢。大角羊仅靠一点点水就能生存；响尾蛇则能够“跳跃”式前进，以此来躲避炽热的地面。

自然砂岩拱门集中地——美国拱门国家公园

经过大自然上亿年的鬼斧神工，在美国犹他州的东部，地表被开辟出数以千计的神奇自然石拱，这就是拱门国家公园。

天生自然大拱门

拱门国家公园位于犹他州东部的科罗拉多高原上，占地 309.7 平方千米，是世界上最大的自然砂岩拱门集中地之一。园内有记载的天然砂岩拱门超过 2000 个，是世界上风化拱门分布最多、最密集的地区。即使现在，新的拱门也在不断产生。

其中最小的拱只有 3 米宽，最大的拱则长达 93 米。这些拱门是怎么形成的呢？原来，在 3 亿年前这里还是一片汪洋，后来海水消失了，盐床和其他地质碎片挤压成岩石，并且越来越厚。之后，盐床底部不敌上方的压力而破碎，又经地壳隆起变动，加上风化侵蚀，一个个拱形石头就形成了。

奇特的天然拱门

拱门国家公园因有众多拱门而闻名世界，其中最著名的是“风景拱”，称得上世界上最大的单个天然拱，甚至犹他州政府把它作为标志上的图案。远远看去，它就像一条细长的丝带，以优雅的姿态衔接着两侧的岩壁。它把“南窗”和

知识链接

世界上许多地方都有天然桥，其中最大的一座在中国贵州省黎平县，名叫天生桥。该桥雄伟壮观，构造精致，其拱弧相当圆，拱面光洁。据实测，桥宽 118 米，拱跨 138 米，拱高至水面 36.64 米，拱顶岩层厚 40 米，桥墩一侧呈多孔溶洞排列。与美国犹他州风景拱桥相比，天生桥堪称世界之最。

“北窗”两个拱门连成一线，看起来好像一双眼睛。

当然，这里不只有拱门，还有各种奇形怪状的尖塔、圆丘和平衡石等奇特的岩石。所有的石头上都有颜色对比非常强烈的纹理，尤其是在日出日落时，在短短的二三十分钟内岩石的色彩就可完成由火红到玫瑰金再到金黄色的转变，令人叹为观止。

世界自然和文化遗产——澳大利亚乌卢鲁国家公园

乌卢鲁国家公园位于澳大利亚北部地区。公园面积 1325 平方千米，主要由艾尔斯岩石和奥尔加山构成。1987 年和 1994 年，联合国教科文组织将乌卢鲁国家公园作为文化和自然遗产，列入《世界遗产名录》。

神奇的变色巨岩

艾尔斯巨岩长 3600 米，高 348 米，底部周长约 9000 米。它不光大，而且处在十分开阔的位置，即使距离它很远，也能看到它的身影。这块岩石周围是平坦的沙漠，所以没有比巨岩更为醒目的东西了。而它的奇特之处在于，它能在不同的时间和季节里变换颜色。

它是从何而来的？根据研究，大约在 6 亿年前，艾尔斯岩石所在的阿玛迪斯盆地发生过地壳运动，形成大片的海底岩石。到了 3 亿年前，这里又发生了一次地壳运动，将这块巨大的岩石推出了海面。此后经过亿万年的风雨洗礼，岩石风化侵蚀，最后形成了现在的艾尔斯巨岩。巨岩最为神奇的地方在于颜色变换。一天之内，巨岩会随阳光方向的变化而改变颜色，早上太阳刚升起时，巨岩呈现的是淡淡的橙黄色；夕阳西下，巨岩又变成了绯红色，像是正在燃烧。每年有数十万人从世界各地纷纷慕名前来，一睹艾尔斯岩的神秘风采。这是怎么回事呢？科学家分析，这是因为巨岩中含有的氧化铁，在空气中会发生氧化作用，当阳光

▲美国拱门国家公园

照射的角度不一样时，巨岩的色彩就会出现变化。

澳大利亚的心脏

生活在澳大利亚的土著人，更是把巨岩当成神。他们经常在巨岩脚下举行各种膜拜仪式，祈求巨岩神灵的保佑。土著人还按照巨石颜色变化，来安排生活和农事。据说，这是土著的祖先流传下来的，是为了保护他们的家园。因此，艾尔斯巨岩也被当地人称为“澳大利亚的心脏”。

多头“巨人”——奥尔加山

在艾尔斯岩石边上，有高低起伏的卵圆形岩石，这就是奥尔加山。从空中望去，它像是一堆大大小小的馒头，又像是形态各异的头颅，是澳大利亚内陆沙漠上的另一奇景。

这座山由 28 块圆形大岩石组成，有的连在一起，有的个别独立，最高峰海拔约 540 米，从地面算起，比艾尔斯岩石高 190 多米。奥尔加山是由沉积岩构成的，由于组成岩石的物质比较软，又因为长期遭受风雨的侵蚀，岩石表面被磨蚀，最终形成了现在的圆屋脊形状。据传，过去这里是土著人举行祭祀和舞蹈聚会的原始自然图腾之地。当地人认为，奥尔加山不仅仅是岩石，而且还是位“巨人”。

趣味故事

艾尔斯岩的发现

艾尔斯岩石得名于 1873 年，两位探险家发现了这块岩石，就以当时南澳总理艾尔斯爵士的名字进行命名。需要说明的是，在巨石的表面，有一些凹凸细长的纹路，在岩石底部有一些比较浅的洞穴。在洞穴的侧壁，还能看到许多图画。考古学家研究发现，这些壁画多是描写居民生活的，很可能是古代土著人生活的场所。

荒凉神秘的角落

你见过一望无际的大沙漠吗？沙漠是怎么形成的呢？沙漠地貌是针对沙漠地区的沙丘而言的，是一种被风搬运的物质在某种条件下堆积形成的风积性地貌，连绵的沙丘构成了波涛起伏、浩瀚无垠的茫茫沙海。全世界陆地面积为 1.49 亿平方千米，其中沙漠占据了 1/3。

鲜红如一团赤焰的沙丘——澳大利亚辛普森沙漠

在澳大利亚的西南部，有一处在地图上找不到的沙漠，这就是位于澳大利亚中部的辛普森沙漠。它以红色沙丘著称，只见红彤彤的一片，其原因是铁质矿物长期风化，使沙石附上了一层氧化铁的外衣。

格外耀眼的红色沙漠

辛普森沙漠又称阿伦塔沙漠，位于澳大利亚中部。沙漠的波纹一般以沙丘的形式出现。沙丘沿着长长的垂直线起伏波动，连接整个沙漠表面。夏季的时候，来自澳大利亚北部的雨水有时会流入辛普森沙漠，让干涸的河槽和枯竭的湖床重新恢复生气。在极其偶然的情况下，雨水会流入一个名为“艾瑞尔湖”的巨大湖床，让这里变成一个浅显的内海，吸引成群的鸟类前来繁衍后代。

知识链接

沙漠的颜色不只是枯黄色的，还有其他的色彩。白色沙漠在美国新墨西哥州的路索罗盆地，白沙浩瀚，展现了一个银色的世界。其实，沙漠里的沙主要是由岩石风化而来的，但岩石里含有各种颜色的多种矿物质，造成了沙漠各种各样的颜色。路索罗盆地沙漠的沙子里含有石膏质，而石膏晶体被风化后呈白色。

辛普森沙漠因其红色的沙丘而出名。这片沙漠中的沙丘平行排列，皆为南北走向，由于植物的作用，沙丘一直静止不动。西面的沙丘仅 3 米高，东边的一般在 30 米高。

奇异的沙漠花园

在辛普森沙漠，雨水稀少，干旱异常。夏季，最高温度达到 50℃。几乎所有人都以为这是一片死亡之地，事实却恰好相反。近年来，这片条件最恶劣的沙漠中竟有 3600 多种植物繁衍共生。因此，有人称这里为“沙漠花园”。

生长在这里的植物对水和养料的需求非常小，植物的叶子大多不是绿色的，而是各种鲜艳的颜色。植物学家进行了深入的研究后，发现了其中的奥秘。原来，这里的昆虫和鸟类非常少，而植物的生存繁衍要靠花粉传播。所以，这里的植物就开出更大、更鲜艳的花朵，分泌更多的花蜜，以吸引授粉者的注意。

▼澳大利亚辛普森沙漠

有世界的“干极”之称——智利阿他加马沙漠

阿他加马沙漠是南美洲西海岸中部的沙漠地区，在安第斯山脉和南太平洋岸之间南北绵延近 1000 千米。这里非常贫瘠，景色与火星上的平原地带几乎一模一样，可谓地球上的“小火星”。

真正的死亡之地

在阿他加马沙漠，阳光灼照，空气干燥，地面如火；空中没有飞鸟，看不到哪怕一片草叶或者仙人掌；周围非常安静，空荡荡的，到处死气沉沉，只有弯月形状的沙丘随风迁移，消失了又形成，堆起了又吹散。即使生命力顽强的细菌，在这里也找不到，是真正的“死亡之地”。

为什么这里没有微生物呢？原来，除了强酸性土壤外，缺水少雨是很重要

知识链接

阿他加马沙漠占据了智利领土很大的一部分。到了南回归线靠近安托法加斯塔一带，海雾带来了大量的水分，为沙漠中的植物生长提供了必要条件。正是由于海雾和植物“储水”的本领，许多植物得以存活下来，并在此开花结果，这也让阿他加马沙漠成为有鲜花的沙漠。

的因素。这是因为安第斯山脉阻挡了湿空气南下，让这里异常干旱，每 10 年的降雨量，只能用毫米来度量，而在某些地方，已经数百年没下一滴雨了。如此恶劣的环境，难怪细菌也不愿意安家落户。

火星训练基地

由于这里独特的地貌，所以阿他加马沙漠被美国宇航局看中，成为火星探索最佳的训练场所。原因很明显：地貌几乎一模一样，气候条件也极为相似，极端干旱时根本找不到半点生命存在的痕迹，甚至有些科学家把它称作地球上的“火星标本”。

据说，可以拿它与火星比较，推断火星地表的形成原因，还可以训练宇航员。即使火星车上天，也需要在此接受考试，才能取得通行证。目前，美国宇航局在阿他加马沙漠设有考察站。要想体验一下登陆火星的感觉，可得做好充分的准备，因为这里不但难以到达，而且环境极为恶劣。

沙湖相拥如洁白床单——巴西拉克依斯—马拉赫塞斯沙漠

拉克依斯—马拉赫塞斯沙漠位于巴西马拉尼奥州境内，其美丽的景色是世界上独一无二的。1981 年，巴西政府在这里建立了国家公园。

热带雨林世界的沙漠

拉克依斯—马拉赫塞斯沙漠占地约 300 平方千米，由众多白色的沙丘和深蓝色的咸水湖共同组成。这里也是巴西的北部海滨地区，沙丘从海岸边一直向内延伸 50 千米，构成了如同洁白的床单一般的风景。

巴西拥有世界上最大的热带雨林，全球 30% 的淡水资源都储备在这里。在这里我们也能找到沙漠，蓝色湖水中倒映着雪白沙丘，实在让人难以置信。这些遍布的雪白沙丘和深蓝湖水，堪称世界一绝。

沙漠里的生命奇观

为什么沙漠中会出现蓝湖呢？原来，这片沙漠的降雨量与众不同，年降雨量可达 1600 毫米，是撒哈拉沙漠的 300 倍，雨水注满了沙丘间的坑洼，形成了清澈的蓝湖。在干旱季节，湖水完全蒸发掉。而雨季过后，湖中却不乏多样的鱼类、龟和蚌类。

知识链接

乌尤尼沙漠位于玻利维亚，东西长 250 千米，南北最宽处达 150 千米，总面积为 1.2 万平方千米，是世界上最大的盐湖沙漠。据说，这里的盐层很多地方都超过 10 米厚，总储量约 650 亿吨，够全世界人吃几千年。

▼智利阿他加马沙漠

世界第四大沙漠——中亚卡拉库姆沙漠

卡拉库姆沙漠位于里海东岸的土库曼斯坦境内，在阿姆河以西，面积 35 万平方千米。它是中亚地区的大沙漠，突厥语意为“黑沙漠”，也是世界第四大沙漠。

中亚的黑色沙漠

卡拉库姆沙漠是有名的黑色沙漠，这是怎么回事呢？原来，沙漠中的沙子是由岩石风化而成的。石英和长石是沙子的主要成分，但比重较小；沙子中的重矿物含量虽少，种类却很多。中亚的卡拉库姆沙漠矿物成分复杂，达 40 多种，多种矿物的混杂，使卡拉库姆沙漠色彩浓重，故有“卡拉”（黑色）之称。

沙漠上的运河

卡拉库姆沙漠被分为 3 个部分：北部隆起的外温古兹卡拉库姆；低洼的中

卡拉库姆；以及东南卡拉库姆，其上分布着一系列盐沼。这里广布龟裂土和盐沼，昼夜温差很大，可从零下20℃上升到36℃，年降雨量不到150毫米，即使下雨也是干打雷不落雨，被沙暴吸净刮走。然而，点点绿洲成了土库曼人的乐园，南部靠伊朗边界山麓有大片草原牧场，300多万人在这片土地上生息。

知识链接

卡拉库姆沙漠人口稀少，平均每6.5平方千米1个人。这里植被复杂多样，主要由草、小灌木、灌木和树木组成。这些植被在冬季可用作骆驼、绵羊和山羊的饲草。动物为数不多，但种类众多，如各种蜥蜴、蛇、龟、跳鼠等。

此外，这里有世界上最大的灌溉运河——卡拉库姆运河。它从阿姆河引水，总长1400千米。不幸的是，运河漏水使沿途形成湖泊，并提升了地下水的水位，使广阔的土地遭到盐害。

太阳之火的王国——北美索诺拉沙漠

索诺拉沙漠是美洲四大沙漠之一，被沙漠吟游诗人约翰·凡戴克称为“太阳之火的王国”。它是北美地区最大最热的沙漠之一，有许多独特的植物和动物在这里生活。由于特殊的地理位置，这里有水、沙漠与大海。

多姿多彩的沙漠风光

索诺拉沙漠位于美国和墨西哥交界处，是北美洲的一个大沙漠。由于纬度比莫哈韦沙漠低，也称为“低沙漠”。由于接近加利福尼亚海湾和太平洋，每年的降水量达120 ~ 300毫米，这也让索诺拉沙漠成为世界上生物品种最多的沙漠。这里有2500多种植物，同时也是响尾蛇、索诺兰叉角羚羊、蝎子等动物的栖息地，是世界上最完整、最大的旱地生态系统之一。因此，索诺拉沙漠是多姿多彩的，好莱坞的导演甚至把这里作为科幻影片《星门》的拍摄地。

沙漠里的巨人柱

巨柱仙人掌是索诺拉沙漠特有的品种，也是索诺拉沙漠的明星和灵魂，并成为美国亚利桑那州的象征。这是因为索诺拉沙漠全年没有严重的霜冻，一年四季都有降雨，所以成为巨人仙人掌天然的故乡。

巨人柱是世界上最高的仙人掌。它们高达十几米，重达几吨，最多可活 200 多年，也是最受鸟类欢迎的“公寓”。该公寓的建筑师，就是闻名遐迩的啄木鸟了。它们经常在巨人柱的高处啄开新洞，造房产卵。洞周围的针刺就是天然“保安”，让酷爱偷蛋的蛇无法接近。

岩为纸水为笔绘出奇景

喀斯特地貌是一种具有溶蚀力的水对可溶性岩石进行溶蚀等作用所形成的地表和地下形态，地表喀斯特地貌有溶沟和石芽、天坑和竖井、溶蚀洼地和谷地、干谷、地表钙华堆积以及峰林、峰丛和孤峰等，地下喀斯特地貌形态有溶洞、溶蚀地貌和堆积地貌等。

世界第九大奇迹——新西兰怀托摩萤火虫洞

在新西兰北岛的小城，有一个萤火虫洞，洞内有成千上万只萤火虫，把岩洞装饰得格外明亮，这就是怀托摩萤火虫洞。萤火虫洞因为其地下洞内拥有钟

乳石、石笋和萤火虫星光点缀等自然奇观而闻名于世，有“世界第九大奇迹”之美称。

土著毛利人的洞

萤火虫洞的入口处，是一座尖顶的小木屋，旁边还刻有毛利图腾的木雕红柱，这清楚地标示了萤火虫洞的主人——毛利人。据说，这个洞是毛利人在追逐猎物时偶然发现的。1887 年，一名英国测绘师在当地毛利酋长的带领下，第一次进入萤火虫洞。他们乘坐用亚麻秆做成的竹筏，手持火把照明，沿着小溪向洞底进发。让他们感到惊奇的是，洞内有无数闪亮的光点映在水面上。经过仔细观察，这些光点是萤火虫的幼虫，洞壁爬有成千上万只萤火虫，最后形成了奇妙的景观。这以后，许多游人纷至沓来，萤火虫洞也开始闻名世界。1989 年，新西兰政府把这个洞穴归还给毛利人。

萤火虫的奇妙王国

洞内是晶莹剔透的钟乳石、石笋和石花，还有成千上万只灿若繁星的萤火虫，宛若一个童话世界。这些小家伙的捕食方法有点像蜘蛛。它们在洞顶筑起许多管状的巢，然后拉出二三十条丝，并附着黏液，编织成一根根“垂钓线”。

知识链接

新西兰的萤火虫生命周期为一年。在幼虫时期，它才会发光和捕食，其荧光随着年龄增大变得愈加明亮。成虫把卵产下大约 3 周，幼虫便孵化出来，幼虫经过 6 ~ 9 个月，就变成了成虫。当成虫破茧而出时，雌雄成虫交配后，雌虫会产下大约 120 个卵。成虫有翅膀，却没有嘴巴，既不会进食，也无法飞，只是疯狂地交配产卵，直至筋疲力尽。2 ~ 3 天后，它们会用尽最后一点力气撞向幼虫的丝网，舍身给自己的后代作食物。

进入洞中，微光中无数条长短不一的半透明细丝从洞顶倾泻而下。每条丝上有许多水滴，很像晶莹发亮的水晶珠帘。“群星”倒映在水面上，如万珠映镜，应接不暇。

这里的萤火虫与世界上其他地区的萤火虫不同，它们对生存环境的要求太过苛刻，比如它们遇到光线和声音便无法生存，它们尾部会发出恒久不灭的荧光，相当于一根火柴，目前只在新西兰和澳大利亚有发现。

世界第九大奇迹的形成

对于新西兰萤火虫来说，它们必须借助自己的微光吸引其他昆虫，并以此作为食物。另外，这些家伙对生存环境要求苛刻，必须有足够的湿度才能让吐出的丝线稳定悬挂，并且需要黑暗的空间散发微光，而钟乳石洞穴正是一个天然且搭配得天衣无缝的理想生存空间。换句话说，正是萤火虫洞独特的地理环境，才有了这一自然奇观。

那么，萤火虫洞究竟是如何形成的呢？研究发现，萤火虫洞是由无数海洋生物遗留物的化石形成的，3000 万年前还处在深海底下，后来经过几次大的地质变化，并经过雨水侵蚀，形成了许多的岩缝。雨水与空气中带着微酸的二氧化碳，日积月累地侵蚀，使得岩缝逐渐扩大成为钟乳石及石笋，也就是现在的萤火虫洞内的奇景。

庞大的地下迷宫——美国卡尔斯巴德洞窟

卡尔斯巴德洞窟位于美国新墨西哥州东南部的瓜达卢佩山脉，是美洲第三大洞穴。它的形状和颜色令人惊叹，有人甚至称这个地下奇景为“带屋顶的大峡谷”。1995 年，联合国教科文组织将卡尔斯巴德洞窟列入《世界遗产名录》。

怀特最初的发现

卡尔斯巴德洞窟位处新墨西哥州东南部，是西半球最大的天然巨穴之一。它是由目前已发现的81个洞窟组成的喀斯特地形网，仿佛一个庞大的地下迷宫，奇特的地质形态非常罕见。

早在几千年前，人们就知道这些壮观的洞穴。最初，以游牧狩猎为生的先民就曾居住在这些巨大的洞口中。后来，一位名叫詹姆斯·拉金·怀特的本地年轻矿工对这些洞穴非常着迷，他满怀冒险精神，对卡尔斯巴德洞窟以外的洞穴迷宫进行了切实而执着的探索。他的热情终于引起了公众的注意，并最终促使政府于1923年建立了卡尔斯巴德洞窟国家保护区，7年后成为国家公园，而怀特也成为这里的首席管理员。

神奇的地下世界

卡尔斯巴德洞窟位于地表以下305米，是迄今为止人类发现的最深的洞窟。

而如此庞大的洞窟又是如何形成的呢？原来，在千万年的地质演变过程中，古老的石灰岩沉淀慢慢断裂，含有丰富矿物质的流水不断溶解岩层，逐渐形成洞穴。

它体积巨大，变化莫测，还包含了许多精致的矿物质，面积189平方千米，是一处奇特的洞窟世界。已发现81个洞穴，对外开放的只是卡尔斯巴德溶洞和斯罗特溶洞。溶洞中最大的一处，比14个足球场面积的总和还大，整个洞窟群长达近百千米，是世界上最长的山洞群之一。洞穴中的钟乳石千姿百态，奇异的景色包括石炭帷幕和洞穴珍珠。洞穴珍珠是由小沙粒外部裹上一层流水溶解了的碳酸钙，最终形成了有光泽的石球，像一颗颗璀璨的珍珠。

知识链接

卡尔斯巴德洞窟的特点是里面有很多大房间，如新墨西哥室、国王宫殿、女王的会议厅等，共100多间。走出“希尼克房间”，是被称为“大房间”的溶洞的最深处，溶洞大厅长约540米，平均宽100米，高约80米。溶洞内有许多奇形怪状的钟乳石，钟乳石都有形象的名字，如主廊里的“恶魔之泉”，希尼克房间中的“国王宫殿”，大房间里的“太阳神殿”等，让人浮想联翩。

别有洞天蝙蝠洞

卡尔斯巴德洞窟，被当地人称为“蝙蝠洞”。这是因为这里栖息着100多万只蝙蝠，其中数量最多的是墨西哥犬吻蝠。每逢夏季日落时分，只见一团黑云盘旋着从地面升起，看起来像是龙卷风，其实是无数的蝙蝠从巨大的洞口飞出。蝙蝠群呼啸而过，形成漫天的“蝙蝠云”，所过之处，飞虫片甲不留。当黎明到来时，它们才会陆续返回洞穴。这些墨西哥犬吻蝠总是在夜间集体出没，在黑暗中捕食昆虫，挡住了整个卡尔斯巴德洞口，场面非常壮观。

此外，在卡尔斯巴德洞窟国家公园里还有许多小哺乳动物、沙漠爬虫和栖息在矮树丛中的鸟类，如花金鼠、浣熊、各种蜥蜴、兀鹰、鹫。

世界上最长的洞穴——美国猛犸洞穴

猛犸洞穴位于美国肯塔基州的路易斯维尔市南约 160 千米处，长度超过 240 千米，是世界上最长的洞穴。之所以称它为猛犸洞，是因为猛犸是一种已经绝迹的长毛巨象，用在这里是形容洞穴的体积庞大。

神奇的地下迷宫

1799 年，一位猎人在追逐一只受伤的野熊时，无意间发现了猛犸洞。自此，猛犸洞得以面世，先是被私人控制，后在 1936 年被美国政府开辟为国家公园。洞内有 255 条地下通道，共分 5 层，上下左右都可以连通，最底下的一层在地面以下 110 米处，形成一个曲折幽深的地下迷宫。

在猛犸洞中有 77 个地下大厅，最著名的有中央厅、酋长殿、大蝙蝠厅、星辰厅等，其中“酋长殿”最高，略呈椭圆形，长 163 米，宽 87 米，高 38 米，厅

内可容数千人。星辰厅的顶部有许多白色的石膏结晶，要是人站在下面向上仰望，就像是星光灿烂的苍穹，十分壮观美丽。

冰冻的尼亚加拉

猛犸洞内分布着许多自然瀑布，还有河流流动。最大的是回音河，最宽处有 8 米，深 1.5 ~ 3 米，长 800 米。据说，河中还有一种奇特的无眼鱼，名叫盲鱼，长约 12 厘米，身上没有一块鳞片。

这里空气清新，温度常年保持在 12℃左右，在很久以前就是印第安人的活动场所，洞内曾发现过他们使用的火把和简单的工具，甚至还有一些干尸。洞内还有千奇百怪的石笋和钟乳石，其中有一处从洞顶悬垂下来，看上去就像一道凝固了的白色瀑布，难怪被人们称为“冰冻的尼亚加拉大瀑布”呢！

“海上桂林”——越南下龙湾

在越南下龙湾的海面上，突起着形状各异的千万座岛屿，享有“海上桂林”的美誉，吸引着来自世界各地的游客。

独特的海上奇观

下龙湾属于喀斯特地貌，是由露出海面的可溶性岩石在海水的侵蚀和海浪的冲击下，日积月累形成的独特的海上景观。关于下龙湾的名称来历，有种种传说，其中一说是有一群白龙从远方飞来，被这里的绮丽风

知识链接

下龙湾有巴门岛上近乎原始状态的热带丛林，岛上树木花草青葱繁茂，还有野猪、梅花鹿等野生动物出没。特别是在若岛，这里是一个极讨人喜欢的红鼻猴王国。生活在此的猴子都是红鼻子、红屁股。有趣的是，岛上的猴子极为顽皮和大胆，一见到陌生人，它们就成群地跑到海滩上雀跃欢呼。

▲越南下龙湾

光吸引，从天上下来留在海湾里。白龙翻腾激浪，化作千姿百态的奇山异岛。据科学考证，这里是原来欧亚大陆的一部分，后沉入海中，形成了这种自然奇观。

水天一体的美景

下龙湾山岛林立，星罗棋布，姿态万千。据说这里共有3000多座岛屿和山峰，仅命名的山、岛就有1000多座。山石、小岛形状各异，有的如直插水中的筷子，有的如浮在水面的大鼎，有的如奔驰的骏马，还有的如争斗的雄鸡，最有名的是蛤蟆岛，其形状犹如一只蛤蟆，端坐在海面上，嘴里还衔着青草，栩栩如生。

壮观的地下河流——菲律宾普林塞萨地下河国家公园

普林塞萨地下河国家公园位于菲律宾巴拉望省北岸圣保罗山区，占地面积

200多平方千米，是壮观的喀斯特地貌。因景观奇特，公园于1999年被联合国教科文组织列入《世界遗产名录》。

景色各异的喀斯特地貌

普林塞萨地下河国家公园的制高点位于公园内的圣保罗山上。这里最大的特色是雄伟的石灰岩喀斯特地貌和地下河流。公园内地形多样，有广袤的平原、起伏的丘陵和高峻的山峰，其中最著名的是圣保罗山区喀斯特岩溶地貌景观。

公园内90%以上的地貌都是由圣保罗山周围的喀斯特灰岩山脊组成的，而圣保罗山本身是一系列浑圆的灰岩山峰。这些山峰沿着巴拉望岛的西海岸，呈南北走向连绵而成一片，蔚为壮观。

在地下穿梭的河流

在普林塞萨地下河国家公园，最主要的景观是位于圣保罗山区的“圣保罗洞”。其实，它是一条长约8千米的地下河，中间要穿越几个120多米宽、60多米高的大溶洞，这里钟乳石和石笋林立，景观非常奇特。地下河在圣保罗山以西大约2千米的地方流出地面，随后直接流入大海，河流在下游会受到潮汐的影响，形成了时起时落的壮观场面。

知识链接

普林塞萨地下河国家公园里有三种森林形式：低地森林、喀斯特森林和海岸森林。大约2/3受保护的植被都处于原始状态，其中龙脑香属植物占多数。低地森林是巴拉望潮湿森林的一部分，是世界野生动物保护基金组织保护的200个生态区域之一，以其拥有亚洲最繁荣的树木植物群而著称于世。

火山爆发后的冷静

你知道火山喷发之后，冷却下来会形成怎样的地貌呢？本章所要介绍的火山地貌是火山喷出的各种熔岩形成的一种地貌，这种地貌分布较为广泛，日本富士山、美国黄石国家公园等都是这种地貌。

世界上最大的公园——美国黄石国家公园

黄石国家公园是世界上第一座以保护自然生态和自然景观为目的而建立的国家公园，被称为“神奇的山地”，它是世界最大的公园，也是美国设立最早、规模最大的国家公园。

世界上第一个国家公园

黄石公园位于美国中西部怀俄明州的西北角，并向西北方向延伸到爱达荷州和蒙大拿州，面积达 7988 平方千米。1807 年，随着美国探险家路易斯与克拉克探险队的远征，以及第一位进入黄石公园的白人约翰·寇特的探勘，黄石公园

知识链接

黄石河发源于黄石公园，是塑造黄石公园胜景的重要因素之一。黄石河由黄石峡谷汹涌而出，全长 1080 千米，是密苏里河的一条重要支流。黄石河将山脉切穿而创造了壮观的黄石大峡谷，形成许多激流瀑布，还有北美洲最大的高原湖泊黄石湖。由于黄石河的充足补给，黄石湖水面辽阔，面积达 353 平方千米，形成了自己特有的气候景观。野牛、麋鹿、灰熊、美洲狮等 2000 多种动物在此繁衍生息。

得以呈现在世人面前。当寇特向自己的朋友描述看到的黄石地热奇观时，却没有人相信他，并被戏称为“寇特地狱”。

1872 年，美国总统格兰特同意在怀俄明州建造黄石国家公园。公园内拥有各种森林、草原、湖泊、峡谷和瀑布等自然景观，其大量的热泉、间歇泉、泥泉和地热资源，构成了享誉世界的独特地热奇观。

不老实的“老实泉”

间歇泉也是黄石国家公园最独特的风景。黄石公园至少有 1 万个间歇泉、热地、沸腾的泥喷泉和喷气孔。其中，有一个叫老实泉的间歇泉特别有趣。它每隔 66 分钟就会喷发一次，且热气腾腾，从不失约，堪称一怪，所以才得了这个“老实”的美名。可是后来因为地震，老实泉发生了变化，现在不如从前那么守时了。

除了这些，黄石公园还有许多不能喷发的间歇泉。有些是冒蒸汽的水池，没有声音但有小波动。也有一些是经常冒泡的温泉，像个大气锅。这些都是因为一个条件不符而不能喷发的间歇泉，其中最引人注意的是硫磺泉。硫磺泉大多数只排出少量的泉水，泉口的边缘却积满了一层厚厚的鲜黄色的硫磺。

光怪陆离的大峡谷

黄石大峡谷是黄石公园中最为有名的奇观。黄石大峡谷全长 32 千米，平均深度 244 米，最深达 366 米，宽度由 457 米至 1220 米不等。这里最令人称奇的是，火山岩石在经历长期的强力冲蚀后光怪陆离、五光十色，俨然一幅天然的油彩画。在阳光下，峡壁的颜色从黄色过渡到橙色，从橙色过渡到橘红色，从橘红又回到淡淡的土黄，十分好看。此外，这里有两道大瀑布：上瀑布和下瀑布。下瀑布是黄石公园中最大的瀑布，落差高达 94 米，比著名的尼亚加拉瀑布还超出一倍。

▲美国黄石国家公园

黄石大峡谷两岸有很多景点，尤以北岸的“大视野景点”和南岸的“艺术家景点”最为人称赞。峡谷区中的地热活动主要集中在泥火山区，这里的热泉、间歇泉冒着热气，沸腾翻滚的泥浆代替了清澈的泉水，且泥泉周围集结了大片干裂的淤泥，伴随浓厚的硫磺热气冒出地面。

令人叹为观止的靛蓝湖水——美国火山口湖国家公园

火山口湖国家公园位于美国俄勒冈州西南部，坐落在1950米高的卡斯凯特山上，是世界风景奇观之一。1902年，美国政府为保护火山口湖和周围的林木

知识链接

史蒂尔是火山口湖国家公园里最为迷人的湖边水湾，它是为纪念威廉·格莱斯顿·史蒂尔而命名的。早在学生时代，史蒂尔就对火山口湖产生了浓厚的兴趣。经过史蒂尔长达17年的努力，火山口湖终于得到美国总统罗斯福的关注，最终成为美国历史上的第六个国家公园。

建立了国家公园，为美国第六个国家公园。

美丽的火山口湖

火山口湖国家公园是美国独特的保护区，占地650平方千米，公园内棕褐色的岩石和深绿色的林木倒映在火山口湖中，宛如人间仙境。

火山口湖是火山喷发后形成的湖泊。大约7700多年前，一座名叫玛扎玛的火山发生了喷发，火山灰遍及整个西北地区。火山爆发后，原本3600多米高的山脉，变成了一个深约579米的大坑。随着时间的推移，雨雪积聚形成了这个以蓝色湖水著称于世的火山口湖。以后的几次剧烈的火山活动，湖中央又形成许多岛屿。

神秘的女巫岛和幽灵岛

火山口湖是美国最深的湖。由于湖面变动小，湖水清澈，所以湖泊总是呈深蓝色。在火山口湖中，有两个面积很小但形状奇特的岛屿，那就是女巫岛和幽灵岛。

女巫岛因整座岛呈圆锥状，最高点在岛的中央，远远望去，宛如巫婆的帽子而得名。幽灵岛则像从南岸漂流而来的船，岛上的针叶林构成了船桅、船帆和索具。它就像幽灵一样，只有在天气晴朗时才看得清楚，在雾气的衬托下神秘出现又忽然消失。两座小岛也让火山口湖充满了神秘色彩。

大自然的杰作——美国夏威夷火山国家公园

美国的国家公园众多，其中最为气势磅礴的要数夏威夷火山国家公园。1987年，它被联合国教科文组织列入《世界遗产名录》。

“伟大的建筑师”——莫纳罗亚火山

莫纳罗亚这座圆锥形的火山是从水深6000米的太平洋底部耸立起来的，从海底到山顶高度达10000米以上，比珠穆朗玛峰还高1000多米，为岛上第一大火山。

莫纳罗亚火山有“伟大的建筑师”之称。这是因为这座火山每隔一段时间就会喷发一次。在过去200年间，莫纳罗亚火山约喷发过35次，至今山顶上还有好几个锅状的火山口。在每次大喷发前，可以看见巨大的热浪在火山上空形成乌云，云层又产生雷电，会出现下雪天气。这一举世罕见的壮观场面，吸引了世

界各地的游客前来大饱眼福。

趣味故事

桃金娘的爱情故事

关于桃金娘树的鲜红花朵，流传着一则美丽的爱情故事。相传，女神派拉曾向年轻男子欧西亚示爱，但欧西亚却爱上了桃金娘。派拉一怒之下杀了他们。派拉的姐姐为此责备了她一顿。为了表示悔意，派拉将欧西亚的尸体变成树，桃金娘则变成鲜红的花。

别有风情的生态乐园

虽然这里的火山喷发时有发生，令人胆战心惊，可这里也有一番生态景象——这里是众多动物繁衍生息之地，有山羊、山猪、鹿、猫鼬等哺乳动物，以及夏威夷雁、吸蜜鸟等特有鸟类。

桃金娘树是夏威夷群岛分布数量最多、范围最广的树种，也是在岩浆地生长速度最快的植物之一；在高地森林区中，高度可达 6 米以上。桃金娘花的香甜花蜜，是鸟类的主要食物来源。

随时可能喷发的火山——意大利维苏威火山

维苏威火山位于意大利那不勒斯市东南，海拔 1227 米，是意大利乃至全世界最著名的活火山之一，也是欧洲唯一的活火山。公元 79 年，维苏威火山喷发，是有史以来规模最大的火山喷发事件之一。

曾经毁灭一座古城

庞贝是古罗马城市，位于意大利南部那不勒斯附近，始建于公元前 6 世纪。公元 79 年，那不勒斯湾畔的维苏威火山，在静止一段时期后突然喷发了。火山发出隆隆的爆炸声，一股烟柱盘旋着冲天而起，迅速遮住了天空。紧接着，温度高达 399℃的岩浆从火山口喷涌出来，附近的庞贝城很快消失了，当时有 20000

人丧生。其他几个有名的海滨城市如赫库兰尼姆、斯塔比亚等也遭到严重破坏。直到 18 世纪中叶，人们才偶然找到庞贝这座城市消失的秘密。

如今，考古学家已经把庞贝古城从数米厚的火山灰中挖掘出来，古老的建筑和姿态都完好地保存着，这里成为意大利著名的旅游胜地。

随时可能再喷发

维苏威火山是一个漂亮的近圆形的火山口，周长 1400 米，深 216 米，基底直径 3 千米。维苏威山并不太高，走在火山渣上面脚底下还发出沙沙的声音。

在过去的近 2000 年里，它曾 20 多次发威，其中 1631 年的大喷发造成了 3000 人死亡。在过去的 500 年里，维苏威火山频繁爆发，熔岩、火山灰、碎屑流、泥石流和致命气体夺去的生命难以计数。在 20 世纪，维

知识链接

庞贝是罗马帝国经济、政治、宗教的中心之一。古城略呈长方形，有城墙环绕，四面有城门，城内大街纵横交叉，街坊布局有如棋盘。重要建筑围绕着市政广场，有朱庇特神庙、阿波罗神庙、大会堂、浴场、商场等，还有剧场、体育馆、斗兽场、引水道等罗马市政建筑必备设施。

苏威火山还喷发过 4 次，有在第二次世界大战期间喷发的记载。当时，从火山顶流出熔岩，喷出的火山砾和火山渣比山顶高 200 ~ 500 米，火山爆发的奇景使得正在山下鏖战的同盟国军队与纳粹士兵停止了战斗，都跑去观看这一自然奇观。

火山口边缘的铁栏杆可以防止游人发生意外。站在火山口边缘上能够看清整个火山口的情况，火山口深一百多米，由黄、红褐色的固结熔岩和火山渣组成。从熔岩和火山灰的堆积情况能看出维苏威火山经历了多次喷发，熔岩和火山灰经常交替出现。尽管自 1944 年以来维苏威火山没再出现喷发活动，但它仍不时地有喷气现象，可以看到 700 米深的大火山口内终日白雾蒸腾，说明火山并未“死去”，只是处于休眠状态。

世界上最早建立的火山观测站

世界上最早建立的火山观测站是建于 1845 年的维苏威火山观测站，它的设施非常现代化，一楼大厅的展板主要介绍有关火山的知识，三台触摸式电脑用来模拟火山喷发的过程。观测站的一楼和地下一层建有火山博物馆，陈列着千姿百态的火山弹、火山灰等火山喷发物。在玻璃柜中还展示着从庞贝古城挖掘出来的“石化人”，样子栩栩如生，都保持着死于当时火山喷发时的姿势。

日本第一高峰——日本富士山

富士山被日本人民视为民族的象征，被奉为“圣山”，是平安吉祥的象征，有着神秘而特殊的地位。而且富士山景色优美，日本文人更是赞美它“玉扇倒悬东海天”“富士白雪映朝阳”。

处在休眠中的火山

富士山是日本第一高峰，位于日本本州中部山梨、静冈两县交界处，海拔

3776 米。它的山巅白雪皑皑，圆锥体的山体十分优美，几乎呈完美的对称形，恰似一把悬空倒挂的扇子。在富士山周围 100 千米以内，人们就可以看到它的美丽轮廓。

其实，富士山是一座火山，现在处于休眠状态。关于富士山的由来，据说是因地震而形成的。据日本佛教传说，富士山是在公元前 286 年一夜间形成的。当时地面裂开，形成了今天日本最大的巴瓦湖，富士山就是由挤出的泥土堆成的。当然，这只是一种说法，富士山不是形成于一夜，年代也可以上溯到至少 1 万年前，但富士山具体是如何形成的，目前还没有定论。

独特的自然美景

富士山的山麓处有无数山洞，有的山洞至今还有喷气现象，成为富士山独特的自然景观。其中，最美的富岳风穴内的洞壁上结满钟乳石似的冰柱，终年不化，被视为罕见的奇观。

每年的三四月份，富士山十分迷人。只见漫山遍野盛开着艳丽多姿的樱花。到了夏天，满山碧绿，山顶许多积雪融化，是登山观日出的最佳时节。秋天，天高气爽，山谷到处是红叶，更添醉人的情趣。冬天，冰封雪冻，一片北国风光。所以说，富士山一年四季风景如画，吸引了众多世界各地的游客。对于日本人来说，他们认为在一生中，至少须爬该山一次。每年7月1日到8月31日，是富士山开放登山的时节，游客络绎不绝，包括老人和小孩。

有关富士山的传说

一直以来，日本人就把富士山看作“富岳”“灵峰”，把它看成镇守日本的神山。关于名字的由来也是众说纷纭，其中流传最广的是日本平安时代（10世纪初）的文学作品《竹取物语》的说法。据说，在远古有位伐竹老人，他在山林深处的竹子里发现了一个小女孩，就带回了家。三个月后，小女孩竟然出落成了美丽非凡的姑娘，招来许多青年男子向她求婚，甚至连皇帝也加入了求婚的行列，但都遭到了拒绝。原来小女孩是天上的仙女，因犯戒被贬下凡间赎罪。第三年的八月十五，月圆之夜，她赎罪期满，重返了天宫。临行前，她留给了皇帝一包长生不老的药。而伤心过度的皇帝命人把药放在离天最近的地方烧掉。可这包药总也烧不尽，总是冒着烟。这座被选中烧药的山名为“不死”或“独一无二”之山。日语中“不死”和“不二”与“富士”的发音相同，富士山便由此得名。

知识链接

富士山的北麓分布着5个淡水湖，被称为“富士五湖”，这里也是日本著名的观光度假胜地。从东向西分别为山中湖、河口湖、西湖、精进湖和本栖湖。河口湖是五湖中开发最早的，这里交通十分便利，已成为五湖观光的中心。河口湖中所映的富士山倒影，被称作富士山奇景之一。五湖中最小的是精进湖，湖岸上有许多高耸的悬崖，地势复杂，虽小风格却是最独特的。

寸草不生的奇山区——土耳其格雷梅国家公园

格雷梅国家公园位于土耳其中部的安纳托利亚高原上，在内夫谢希尔、阿瓦诺斯、于尔居普三座城市之间，是一片三角形地带，有土耳其的秘境之称。1985 年，联合国教科文组织将卡帕多希亚石窟建筑和格雷梅国家公园作为文化与自然遗产，列入《世界遗产名录》。

色彩斑斓的岩体

格雷梅三角形地带是由远古时代 5 座大火山喷发出来的熔岩构成的火山岩高原。因为这里的岩石质地软，孔隙多，抗风化能力弱，山地经过长年的风化和流水侵蚀，形成了许多奇形怪状的石笋、断岩和岩洞，被称为奇山区。在这些奇形怪状的岩体中，有很多带有白、赭、栗、红和黑色的横条纹。

奇异的月亮状地貌

格雷梅三角形地带的地貌呈月亮状，这是在远古时期由火山喷发形成的。远古时期，海拔 3000 多米的埃尔季亚斯山和哈桑山因火山爆发，大量的火山灰沉积为厚厚的凝灰岩。凝灰岩岩性较软，经过长年的流水侵蚀，形成了格雷梅国家公园卡帕多西亚奇石林立的特殊景观。火山灰、熔岩和碎石堆积，形成了一个高出邻近土地 300 米的台地。

火山灰经长期挤压，化成一种灰白色的软岩，称为石灰华，上面覆盖着的熔岩硬化

知识链接

格雷梅国家公园中部有格雷梅天然博物馆，由 15 座基督教堂和一些附属建筑组成，包括一些希腊式的教堂建筑和建于 11 世纪的圣巴巴拉教堂等。于尔居普小镇附近石笋林立，到处耸立着石峰和断岩，许多岩洞如蜂巢般穿插在岩石之间，而岩洞内部又有机地连接在一起，成为相互贯通的高大房间。到 13 世纪时，这一区域的山洞已密如蜂巢，已发现有 300 多座从岩石开凿出来的教堂。

▲土耳其格雷梅国家公园

成黑色的玄武岩。后来，流水、洪水和霜冻又使这些岩石裂开，较软的部分被侵蚀掉了，结果留下一种奇异的月亮状地貌。它由锥形、金字塔形以及被称为“妖精烟囱”的尖塔形岩体组成。

神秘的洞穴和地下城

格雷梅国家公园内保存有大量的山地洞穴和地下建筑遗址。这些洞穴建于古代卡帕多西亚时期，2000 多年前，土耳其先民希太部族在此凿洞而居。公元 4 世纪，基督教徒在这里建起了各种基督教宗教建筑。到了 9 世纪，又有许多基督教徒来到此山中凿山居住，并将洞穴粉饰布置成教堂，在墙壁上画上《圣经》中的人物画像。因为使用的是高级蓝色颜料，所以壁画直到今天仍然色彩鲜艳。如今，有些山洞变成了土耳其人居家的住所，另一些则用作贮藏或牲畜厩棚。此外，这里还拥有庞大的地下建筑群。在 1963 年及其后的十年中，人们共发现了 63 处地下城镇。

世界上活火山最集中的地方——俄罗斯堪察加火山群

堪察加火山群位于俄罗斯远东地区的堪察加州，是世界上最著名的火山区之一。它拥有高密度的活火山，火山遍布全境，而且类型和特征各不相同。1996 年，联合国教科文组织将堪察加火山群列入《世界遗产名录》。

蔚为壮观的火山奇景

堪察加火山群位于堪察加半岛，它地处太平洋火山带上，活火山和死火山总数超过 300 座。活火山主要在克罗诺基国家自然保护区和南堪察加自然公园。

这里的火山群熔岩，形成了曲折的洞穴、间歇泉、温泉、喷泉等自然景观。

除了遍布全境的火山，喷泉也是一大奇观。堪察加半岛上有很多冷热喷泉，仅热喷泉就有 85 处，还有罕见的间歇泉，以克罗斯基自然保护区内为多。喷泉成分不同，有酸性泉、硫磺泉、氨碱泉等。其中，间歇泉中以“巨人泉”最为壮观。巨人泉喷发时间虽不长，但很强烈，先是泉水注满出口，而后冒泡沸腾，最后巨大的水柱突然腾空而起，喷高可达 10 ~ 15 米，整个河谷便笼罩在云雾之中。

神秘莫测的死亡谷

死亡谷是堪察加火山群中最神秘的地方，是有名的火山死亡谷。它位于基赫皮内奇火山山麓、热喷泉河上游，在克罗斯基保护区南部。整个谷长 2000 米，宽度 100 到 200 米不等。这里地势坑洼，到处可见狗熊、田鼠、豺狼，还有许多野兽的尸体。据统计，在这个死亡谷里已经有近 30 人失去了生命。

有人认为，可能是积聚在谷内深坑中的硫化氢和二氧化碳致人死亡的。令人感到奇怪的是，这里的西山坡上草木茂盛，东边却是光秃秃的一片。另外，距离死亡谷不远处生活的山民，虽没有高山阻隔，但也没有受到威胁，这让人无法理解。所以，死亡谷也变得神秘莫测。

一片火山园林风光——新西兰汤加里罗国家公园

汤加里罗国家公园位于新西兰北岛中南部，是新西兰最大的国家公园。这里以拥有众多火山和不同层次的生态系统闻名于世。1990 年和 1993 年，联合国教科文组织将汤加里罗国家公园作为文化和自然遗产，列入《世界遗产名录》。

频繁活动的火山

汤加里罗国家公园是一个火山公园，园内有 15 座年轻的火山，其中汤加里罗火山、鲁阿佩胡火山和恩奥鲁霍艾火山是最著名的三座锥形火山。这里重峦叠嶂的群山以及火山活动的奇景，吸引着世界各地的游客前来观赏。恩奥鲁霍艾火山海拔约 2300 米，烟雾升腾，常年不息。鲁阿佩胡火山海拔约 2800 米，从山顶远眺，可俯瞰方圆百里内的多彩景致。汤加里罗火山海拔约 1980 米，峰顶宽广，包括北口、南口、中口、西口、红口等一系列火山口。

至今这里仍然是火山活动活跃的地区。19 世纪 30 年代以来，恩奥鲁霍艾火山一直处于活动状态，有时喷出的熔岩顺山坡流淌，甚至改变了火山的形状。鲁阿佩胡火山在 1945 年的喷发持续了近一年，喷出的火山灰和黑色气体甚至飘到了新西兰首都惠灵顿，至今在恩奥鲁霍艾山坡仍存有一层厚厚的火山灰。

知识链接

汤加里罗公园里，还栖息着新西兰特有的鸟——几维鸟。它没有翅膀和尾巴，不能飞行，长着一个长长的嘴巴。值得一提的是，几维鸟很容易受到惊吓，大部分的活动都在夜间进行，觅食时用尖嘴灵活地刺探，长嘴末端的鼻孔可嗅出虫的位置，进而捕食。它的食物主要包括泥土中的蚯蚓、昆虫、蜘蛛和其他无脊椎动物。几维鸟是新西兰的国鸟，新西兰的国徽和硬币都用它做标记。

迷人的火山风光

由于火山活动频繁，这里形成了多姿多彩的自然风光。这里的地热资源丰富，沸泉、间歇泉、喷气孔、沸泥塘等随处可见。远眺沸泉，只见热气蒸腾，烟笼雾绕。近观可以看见沸流高喷，呼呼作响，水柱在灿烂的阳光下闪烁着奇光异彩，仿佛置身于仙山琼阁之中。在冬天，游人也可以跳入热泉天然游泳池中畅游，并且会有一种沁人心脾之感。

在汤加里罗公园里，还有许多地上喷气孔，只要用几根木条架成“地热蒸笼”，马铃薯、牛羊肉都可以蒸熟，可以进行一场特殊的野餐。沸泥塘可谓这里的一大奇观。泥塘中黄色的泥浆突突沸跳，就像熬稠的米粥，让人大开眼界。据统计，每年前来参观的游客成千上万。

毛利人的圣地

土著毛利人的文化也是汤加里罗国家公园的一大特色。这里原来归毛利族部落所有，毛利人视汤加里罗火山为圣地。相传，“阿拉瓦号”独木舟首领恩加图鲁伊兰吉曾率领毛利人移居这里，在攀登顶峰时，遭遇风暴，生命垂危，于是他向神灵求救。随后，神把滚滚热流送到山顶，让他复苏，热流经过之地就成了热田，这股风暴名叫汤加里罗，这座山也由此得名。1887 年，生活在此的毛利人为了维护山区的神圣，阻止欧洲人把山分片出售，就把汤加里罗火山、鲁阿佩胡火山、恩奥鲁霍艾火山这三座火山当成中心，把半径大约 1.6 千米的地区献给国家，成为国家公园。1894 年，新西兰政府将这三座火山连同周边地区开发为公园，正式定名为汤加里罗国家公园。

雪原中的华丽装饰

地球陆地表面有11%的面积为现代冰川所覆盖，它是冰川和寒冻、雪蚀、雪崩、流水等各种合力共同作用的结果，这种地貌广泛分布于欧洲、北美洲。

北美两个大型国家公园——加拿大沃特顿冰川国际和平公园

沃特顿冰川国际和平公园位于加拿大西南部艾伯塔省与美国西部蒙大拿州交界处。1995年，联合国教科文组织将沃特顿冰川国际和平公园作为自然遗产，列入《世界遗产名录》。

因冰河闻名的国家公园

沃特顿冰川国际和平公园由加拿大沃特顿湖国家公园与美国冰川国家公园共同组成。沃特顿国家公园在加拿大境内，冰川国家公园在美国境内。这两个公园在地理上浑然一体，有相似的地形特征。为了更好地保护自然环境，1932年，横跨两个国家的公园被统一命名为“国际和平公园”，这也是世界上第一座国际和平公园。

知识链接

冰川表面上看去是静止的，但能量十分强大。在沃特顿湖区，冰川的侵蚀对地形的塑造起了决定作用，创造出了沃特顿湖区独特的山脉与大草原相连的景观。沃特顿湖区最古老的岩层是远古海洋时期沉积形成的沉积岩，它们已经有15亿年的历史。在这一岩层里，经常可以发现古代海洋生物化石。

公园内湖光山色，高海拔处残存的冰河虽是几万年前留下来的，但也有约50处的小规模冰河。除了U形谷遗迹外，还有数不清的阶状瀑布、无尽的原野景观和众多的野生动物。

冰川林立，湖泊密布

沃特顿冰川国际和平公园总面积4576平方千米。这里的冰川形成于200万年前的冰川时期，有3000多处，可谓冰川林立。冰川国家公园内典型的U形谷地形，也是昔日冰河切蚀山谷留下的遗迹。

公园内还有650多个湖泊，这些湖泊相互贯通，美丽非凡，从北向南依次是罗乌亚湖、米德尔湖、阿帕湖和沃特顿湖。

“冰雪幻境”——美国冰川湾

在地球上有一座人间伊甸园，它就是冰川湾。冰川湾位于美国阿拉斯加东南部的中心，是海洋与寒冰构成的一片荒野乐园。一条条冰的河流在这里与大海交汇，许多动物生活在此，创造了绝美的自然奇观。

壮观的冰川奇景

冰川湾国家公园周围全是巍峨的群山，山脉连绵起伏，山峰重峦叠嶂，山色风景秀丽。正是这些挺拔险峻的高峰，挡住了来自太平洋的潮湿气流，使得这里降雪量很高，形成了冰川纵横、白雪盖顶的自然奇观。这些都是在典型的冰川作用下形成的。

整个公园就像是群山之中一颗蓝色的宝石，珠光璀璨，光芒万丈。每逢夏季，冰川湾内都回荡着冰块断裂崩落的声音，融化的

知识链接

在冰川湾，可以看到许多美丽奇异的蓝冰。原来，在冰川裹挟着碎石进入湖泊后，大块的碎石便沉淀下来，形成三角洲。小块的碎石则散入湖区，只剩下最小的冰块浮在水面。这些晶莹的小冰块可以折射出光中的蓝色和绿色光线，因此便产生了这种特殊的颜色。

雪水在冰川底部咆哮，冲蚀出洞穴和沟渠，最终不断融化的冰川薄得无法支撑时，便崩溃脱落。有的冰块大如房子，高大的冰墙与刺骨的海水相遇，冰块便不断崩落水中，非常壮观。

独特的冰川物种

在冰川湾，分布着许多生物物种。从白雪皑皑的高山地带，到茂盛的温带雨林沿海地带，有奇美的冰川植物景观。此外，这里还生活着各种各样的动物，比如棕熊、黑熊、座头鲸等。在峡湾两岸的森林中，还可以看到美国国鸟白头海雕的身影。

辉煌壮丽的自然美景——美国约塞米蒂谷

约塞米蒂山谷位于美国加利福尼亚州，是约塞米蒂山谷国家公园的一部分。这里拥有众多的自然景观，引人入胜。

迷人的约塞米蒂谷

约塞米蒂谷是火山、地震、河流、冰河创造出来的。冰川毫不留情地把那些软弱的岩石带走，它们缓缓移动，形成冰河，一路堆积到默塞德和赫奇赫奇峡谷。冰川无情地刨蚀，岩石较为脆弱的部分都被滑动的冰块磨损掉了，形成了今天的约塞米蒂谷。

约塞米蒂谷荟萃了许多辉煌壮丽的自然美景，这里有北美最高的瀑布、长寿的巨杉、幽深的峡谷、晶莹的湖泊以及在林间出没的飞禽走兽。站在高处眺望，只见山峰、峡谷、瀑布地貌，蔚为壮观。

高大粗壮的巨杉林

约塞米蒂谷只是约塞米蒂国家公园的一小部分。在约塞米蒂国家公园，从巨杉林到高山草甸，内有1500多种植物。这里生长着黑橡树、雪松、黄松木以及树王巨杉，还有一株被称为“巨灰熊”的巨杉。据测算，它的树龄高达2700年，是世界上现存最大的树木之一。马里波萨丛林位于公园南端，是公园内三处巨杉林面积最大的一处，虽然这里的巨杉没有加州沿海的红杉长得高大，但这里的巨杉更为粗壮，有些巨杉的树干直径粗达10米以上。

知识链接

“约塞米蒂”源自印第安语，意为灰熊。灰熊是当地印第安土著人的图腾。早在19世纪中期欧洲移民发现这块圣地前，印第安土著居民早已在此繁衍生息。1851年，美国军队的一队骑兵追赶一群印第安战士，偶然间发现了壮丽的约塞米蒂谷。

欧洲最大的冰川——冰岛瓦特纳冰川

冰岛位于北大西洋北部，这里有许多冰川、冰山，组成了一个冰雪的世界。因此，人们通常称冰岛为“冰与火之地”。其中，最著名的瓦特纳冰川是冰岛最大的冰冠，也是欧洲最大的冰川。

巨大无比的冰原

瓦特纳冰川在冰岛的东南部，是欧洲最大的冰川，仅次于南极冰川和格陵兰冰川。海拔约 1500 米，厚达 900 米以上，所有冰块加起来相当于整个欧洲其他冰川的总和。其平滑的冠部伸展出许多条大冰舌。冰雪从荒漠中升起，穿过山区，形成一大片白色平原，成为冰岛的典型风光。

瓦特纳冰川的东南两端各有布雷达梅尔克冰川和斯凯达拉尔冰川。位于东端的布雷达梅尔克冰川，有蜿蜒曲折的条状岩石，还有从高地山谷冲刮下来的泥土。冰川的末端是个潟湖，有时，巨大而坚硬的厚冰块从冰川分裂出来，水花四

知识链接

特殊的地理结构，使冰岛也有许多间歇泉。其中，最有名的要数盖锡尔间歇泉。它位于冰岛首都雷克雅未克附近，四周有许多小型热泉，简直就像一口烧着沸水的锅，千万不要用手去触碰，否则会狠狠地烫你一下。等沸水下沉积蓄好力量后，大约每 8 分钟，它就能喷发一次，高达 30 多米，蔚为壮观。

溅发出巨响，形成一座座冰川，漂浮在潟湖上。

冰与火的“较量”

格里姆火山是瓦特纳冰川底下最大的火山。火山的周期性爆发融化了周围的冰层，冰水形成湖泊。湖泊被 200 米厚的冰覆盖，但来自底下的热量使部分冰融化了。冰变成水后，便占据了更大的空间。在格里姆火山口，不断增大的水量最终会冲破冰层。这种猛烈的喷涌使水流带走了其路径中的一切，包括高达 20 米的冰块。据介绍，20 世纪以来，格里姆火山每隔 5 ~ 10 年就爆发一次。

火山喷发的火焰与冰川移动的冰块，构成了瓦特纳冰川变幻莫测的景象，也让冰岛成为冰与火的国度。冰川大约以每年 800 米的速率流转入较温暖的山谷中。

少有的“活着”的冰川——阿根廷冰川国家公园

冰川国家公园位于阿根廷南部的安第斯山脉南段，这里有除南极大陆和格陵兰岛以外世界上最大面积的冰原。这里气候寒冷，积雪终年不化，为冰原的形成创造了十分有利的气候条件。

美丽的冰川国家公园

冰川国家公园属阿根廷圣克鲁斯省，有着崎岖高耸的山脉和许多冰湖，是一个奇特而美丽的自然风景区。它由多山的湖区组成，包括安第斯山南部的一个被大雪覆盖的地区，以及许多发源于巴塔哥尼亚冰原的冰川。其中包括 160 多千米长的阿根廷湖，在湖的远端三条冰河汇合处，乳灰色的冰水倾泻而下。

正在生长的冰川

阿根廷冰川国家公园内共有 47 条发源于巴塔哥尼亚冰原的冰川，其中最著名的是莫雷诺冰川。莫雷诺冰川正面宽约 4000 米，高 60 米，长约 34 千米。它是世界上少有的现在仍然“活着”的冰川，在这里每天都可以看到冰崩的奇观。1945 年阿根廷将此地列为国家公园加以保护，1981 年被列入联合国世界自然遗产。

莫雷诺冰川像一条巨大的冰舌，伸进巴塔哥尼亚高原上的阿根廷湖。阿根廷湖接纳了来自 150 条冰河的水流和冰块。这些冰块在湖中组成了造型独特的冰墙。湖畔是环绕的雪峰，山下是茂密的林木，景色迷人。

会唱歌的冰块——南极冰雪

南极素有“白色大陆”之称。在这片 1400 万平方千米的冰雪世界，几乎完全被几百至几千米厚的坚冰所覆盖，气温低至零下五六十摄氏度，南极洲的降水几乎都是雪。

拓展阅读

冰川

冰川是指由降落在雪线以上的大量积雪在重力和巨大压力下形成的巨大冰体，一般都要经历上百万年的时间才能形成，因此年龄只有 20 万年的莫雷诺冰川显得格外年轻。现在，世界上的冰川大都是处于停滞状态，但莫雷诺冰川却还处在成长阶段，而且每天都向前推进 30 厘米，与众不同，堪称一大奇观。

会唱歌的冰块

把南极冰块放进液体里能发出悦耳、动听的“乐曲”，这是怎么回事呢？

科学考察表明，南极大陆的冰盖大约在3500万年前开始由积雪形成，后来由于这里的积雪很少融化，蒸发量又小，年复一年，雪就一层一层地堆积起来，由于积压，这些雪就慢慢变成冰层。

人们发现，冰层中有许多气泡。积压在冰层中的这些气泡是一种压缩了的气体，它承受着相当大的压力，一有空隙就会往外钻，因而当把南极冰块放进液体里逐渐融化时，这些气泡便会拼命地往外挤，于是便发出“吱吱”的响声。

由于不同形状、大小不同的气泡发出的声音在音量和频率上各有所异，因此，便可以从同一块冰块里听到不同强度和不同频率的声音。这些高低、强弱不同的声音混合在一起，便汇成一曲有节奏的乐曲，于是南极冰块就成了“会唱歌的冰”了。

正在消融的南极冰川

南极的冰和雪是全球最大的淡水库，全世界 90% 的冰雪都储存在这里，占整个地球表面淡水储量的 72%。

罗斯冰架是一个巨大的三角形冰筏，几乎塞满了南极洲海岸的一个海湾。它宽约 800 千米，向内陆方向深入约 970 千米，是最大的浮冰，面积和法国一般大小。一部分海岸线是一条连续不断的悬崖线，在其他地方则有海湾和岬角。冰的厚度在 185 ~ 760 米间变化。罗斯冰架正以每天 1.5 ~ 3 米的速度被推到海里，部分原因是由于冰川从陆地流出之故。

其实，这都是受全球变暖的影响，南极的冰川也在缓慢消融。如果南极冰盖完全融化的话，那么，地球的海平面将会上升 60 ~ 70 米，这将使全世界 90% 以上的大城市都被淹没，成为水下宫殿。

魔幻威德尔海

近年来，南极神秘的面纱得以开启。世界上的一些国家派出专业的科学人员，去南极进行科学考察。探险家们在南极发现了好多有趣的事情，威德尔海就是其中之一。

夏天的南极，在威德尔海北部，经常会有大片大片的流冰群出现。这些流冰群首尾相连，像一座白色的城墙，有时还有几座冰山漂浮在中间。这些危险的流冰总是会把航行到南极的船只撞坏，或者引进一个“死胡同”，使船只迷失方向，无法出来。1914 年，威德尔海的流冰就吞噬了英国的探险船“英迪兰斯”号。

威德尔海还有一大魔力，就是它有绚丽的极光和变幻莫测的海市蜃楼。船只航行在这里，就像在梦幻的世界里。科学家们提醒，这些景象虽然奇特，可往往会给航行在这里的人造成假象，进了迷宫，就有可能撞上冰川，遭遇被吞没的危险。

喷涌而出的音符

流水地貌是地表水在流动过程中，侵蚀地面，形成的各种侵蚀地貌。侵蚀的物质，经搬运后堆积起来，还会形成其他堆积地貌。南美亚马孙河、北美尼亚加拉瀑布等都是这种流水地貌。

古埃及文明的摇篮——北非尼罗河

尼罗河在非洲东部的高原之上，是世界第一长河，流域面积大约是非洲大陆面积的1/10。在阿拉伯语中，“尼罗”就是“大河”的意思。早在公元5000年

前，尼罗河流域便诞生了最早的文明。

世界最长的河流

尼罗河全长 6671 千米，蜿蜒浩荡，由南向北奔腾而去。尼罗河是世界上最长的河流，贯穿非洲东北部，流经坦桑尼亚、卢旺达、布隆迪、乌干达、埃塞俄比亚、苏丹和埃及等国，最后流入地中海。

尼罗河由白尼罗河和青尼罗河汇流而成。白尼罗河发源于布隆迪的卡格腊河，穿过维多利亚湖、基奥加湖和蒙博托湖，与阿苏瓦河汇合后始称白尼罗河。人们习惯把白尼罗河作为尼罗河的主流。白尼罗河流经地势平坦的沼泽平原，河水分叉漫流。在枯水季节，尼罗河河水主要来自白尼罗河。青尼罗河源自埃塞俄比亚高原，水量变化很大。湿季，河水剧增，夹杂着大量的泥沙涌进尼罗河，供应尼罗河 70% 的水量，但到旱季，则只供应尼罗河水量的 20%。青尼罗河与白尼罗河汇合后，才形成了真正的尼罗河。

埃及的“母亲河”

早在 6000 多年以前，埃及人的祖先就在尼罗河两岸繁衍生息。自古以来，埃及就流传着“尼罗河是埃及的母亲”的说法。可以说，尼罗河确实是埃及人民的生命源泉，它为沿岸人民积聚了大量的财富，缔造了古埃及文明。在尼罗河沿岸，有大大小小的金字塔 70 多座，犹如一篇篇浩繁的“史书”，蕴藏着人类早期的文明。

即使现在，尼罗河仍然在不断地浇灌着希望。它在沙漠中创造了一条充满

知识链接

埃及有两条著名河流：一条是埃及文明的发源地尼罗河，整个撒哈拉大沙漠寸草不生，只有尼罗河流域气候湿润，适于耕种，这里有埃及全部的农业。当地盛产椰枣、无花果和甘蔗，这些都是高糖作物。另一条是沟通欧非大陆的大动脉、人造景观苏伊士运河，具有重要的经济、战略地位。

生机的绿色长廊，在这里，到处是绿油油的青草、红艳艳的葡萄、金闪闪的谷穗，形成了一个夹在沙漠之间的水流不断、花果丛生的“人间天堂”。据说，地球上最肥沃的土壤就是尼罗河三角洲地区的土地，有“鱼米之乡”的美称。

定期泛滥的尼罗河

尼罗河水在一年之中的变化是很有规律的。每年 2 ~ 5 月是枯水期，河水清澈。6 月以后，从白尼罗河带来许多腐烂的苇草，河水变成绿色，并散发出臭味，这就是泛滥前的“绿水”。7 月以后，青尼罗河水量剧增，携带大量泥沙，把河水染成红褐色，称为“红水”。两条河流汇合后，常溢出河岸，泛滥成灾。11 月以后水位下降，又恢复年初的平静和清澈。每当两种颜色不同的洪流相汇时，会出现“青白分明”的景色。洪水到来时，会淹没两岸农田，洪水退后，则会留下一层厚厚的河泥，形成肥沃的土壤。

可喜的是，早在四五千年前，埃及人就掌握了洪水的规律，适时耕种两岸肥沃的土地。如此一来，尼罗河河谷一直是棉田连绵、稻花飘香。在撒哈拉沙漠和阿拉伯沙漠的左右夹持中，蜿蜒的尼罗河犹如一条绿色的走廊，充满无限生机。

世界第一河——南美亚马孙河

亚马孙河蜿蜒曲折在安第斯山脉的深山峡谷，后荡漾在热带雨林的掩映之下，气势如海，神秘莫测。它是世界上流量最大、流域面积最广的河流，处在它流域内的亚马孙热带雨林有“地球之肺”之称。

世界上流量最大、流域面积最广的河流

亚马孙河发源于秘鲁境内的安第斯山脉，横贯南美洲东西，来源于冰川融

汇。冰川自高山涓涓流下，水量逐渐增大，汹涌奔流，在安第斯山脉东麓冲刷出气势磅礴的峡谷。它一路上汇聚了成千上万条支流，形成一股势不可当的洪流，日夜不停地倾入大西洋。

亚马孙河是世界上流量最大、流域面积最广的河流，全长 6751 千米，沿途接纳约 1000 条支流，其中长度在 1500 千米以上的大支流就有 17 条，流域面积达 705 万平方千米，约占南美大陆总面积的 40%。

知识链接

亚马孙河有一个特点，就是黑白分明。由于河水携带了大量的泥沙，显得有些浑浊，被称为“白水河”。另外，亚马孙河的一些支流还流经沼泽，河水里含有大量的腐殖质，水色较深，称为“黑水河”。两股水泾渭分明，直到向下游流了几千米后，界线才渐渐消失，汇成一片。

自然奇观——涌潮

在穿越了南美大陆后，亚马孙河在巴西马拉若岛附近注入大西洋。在入海口，形成了一个世界自然奇观——涌潮。它的入海口呈巨大的喇叭状，海潮进入这一喇叭口之后不断受到挤压，进而抬升成壁立潮头，可以上溯 600 ~ 1000 千米。一般潮头高 1 ~ 2 米，大潮

拓展阅读

亚马孙河名称的由来

亚马孙河名称的由来，与一个希腊神话有关。相传，在黑海高加索一带有个叫亚马孙的女人国，妇女们勇敢强悍。当初，西班牙殖民主义者来到亚马孙河流域，发现当地居民像亚马孙女人国的妇女一样勇敢顽强，是一个不甘屈服于外来侵略势力的民族。而亚马孙河不但神秘莫测，而且难以驯服，于是西班牙人就称它为“亚马孙河”。

时可达 5 米一样的巨浪，可以和钱塘江潮相媲美。每逢涨潮时，只见汹涌的浪潮铺天盖地，涛声震耳，气势磅礴。

丰富的动植物资源

亚马孙河流域地处赤道附近，炎热潮湿，雨量充沛，孕育了世界最大的热带雨林，使这一片地域成为世界上公认的最神秘的“生命王国”。

这种气候条件很适宜各种热带植物的生长。亚马孙河流域是一座巨大的天然热带植物园。据统计，这一地区的植物品种不下 5 万种，其中已经做出分类的就有 25000 多种。茂密葱茏的林海覆盖了整个亚马孙河流域，以至于它的一些支流至今还没有被发现。

亚马孙河流域的动物种类也很丰富，有不少珍禽异兽，主要有美洲豹、貘、犰狳、树豪猪等。这一地区森林茂密，再加上河滩地带定期泛滥，这种特殊的地理环境迫使这里的动物必须学会攀援树木或者葛藤，而树枝和葛藤是经受不住过于笨重的动物的。因此，亚马孙地区的哺乳动物一般体形都比较小，而且大多数生活在树上，例如树懒、猿猴、小食蚁兽、负鼠、蝙蝠等。

中欧主要航道——欧洲易北河

在捷克语和波兰语中，易北河称为“拉贝河”，都是由古斯堪的纳维亚语的

“河流”一词演变来的。它发源于捷克，向南流成一个弧形转向西北流入德国，经汉堡流入北海，是中欧地区的主要航运河道。

繁忙的河流

易北河位于欧洲中部，是中欧流经捷克和德国的一条河流，是欧洲繁忙的河流之一。它发源于捷克和波兰交界的苏台德山脉，从河源到德国的德累斯顿为上游，在山地中河流湍急，由许多小支流汇合而成，全长 1165 千米，流域面积 14.4 万平方千米。在接近德捷边境时河宽达 140 米，然后穿越一个狭窄的峡谷进入德国平原地区。

易北河是中欧最繁忙的航道。从易北河河口至科林共通航 940 千米，有运河分别与奥得、威悉等河相通。通过易北河及其所连接的航运水道，船只可从汉堡驶往柏林、德国东部的中段和南段以及捷克。海轮上溯可达汉堡。德国的皮尔纳以下可通行千吨以上轮船。沿途重要河港有德累斯顿、马格德堡等。

知识链接

易北河的主要支流有伏尔塔瓦河、穆尔德河、萨勒河、施瓦策埃尔斯特河以及哈弗尔河等。伏尔塔瓦河是易北河最大的支流，全长430千米，流域面积2.8万平方千米，河流先向东南方向流，然后转向北流，先后接纳卢日尼采河和贝龙卡河等支流，流经布拉格，最后在梅耳尼克附近从左岸注入拉贝河。

迷人的河道风光

易北河水流缓慢，落差较小，风光秀丽，浪漫迷人。尤其是白天，只要坐在游船快艇上，就可以尽情欣赏两岸的优美风光。一幢幢或古典或优雅的欧式建筑，掩映在周边的树群丛林中，非常赏心悦目。

在河的上游有一个风景区，名叫萨克森，它位于德国东部。这里有绿草如茵的山谷，千姿百态的奇峰，独特的平顶山头和古老城堡。古老的易北河宛如一条玉带蜿蜒于峡谷之中，被誉为“萨克森小瑞士”。

此外，在易北河附近还有一处胜景，就是巴斯泰石林。这里处处砂岩削壁，怪石林立，一个个奇形怪状的石柱，像一片丛林。远远望去，给人带来美的享受。

20亿年地质变迁的见证——美国科罗拉多大峡谷

科罗拉多大峡谷位于美国西部亚利桑那州凯巴布高原，被称为世界七大奇景之一。它的四周像被沙海荒漠包围的孤悬岛屿，1919年成为美国国家公园，现已被列入世界自然遗产。

世界最长的峡谷之一

科罗拉多大峡谷是世界陆地上最长的峡谷之一，呈东西走向，全长350千米，平均谷深1600米。峡谷顶宽6 ~ 30千米，峡谷往下收缩成V字形。两岸北高南低，最大谷深1500多米。谷底宽度不足1000米，最窄处仅120米，科罗拉多河从谷底流过。

大峡谷的壮观，不仅在于其形态万千的奇峰异石和峭壁石柱，还在于其魔幻的色彩。由于峡谷两壁岩石的性质、所含矿物质不同，在阳光照射下，呈现不同的色彩，峡谷壁像一块巨大的五光十色的调色板，令人目不暇接，美不胜收。

最受欢迎的国家公园

关于大峡谷的来历，还有一段趣事。1869年，美国炮兵少校鲍威尔率领一支远征队，乘船航行，从科罗拉多河上游一直到大峡谷谷底。后来，他将自己所目睹的峡谷风光，经历的惊险，写成游记，广为宣传，引起了全国的注意。1919年美国国会通过法案，将大峡谷最深、最壮观的一段长约170千米的部分划为大峡谷国家公园。

趣味故事

世界第一大峡谷

在人们的印象中，一直以为美国的科罗拉多大峡谷是世界第一大峡谷，但 1994 年以后，经过证实，雅鲁藏布江大峡谷已经跃升为“世界第一大峡谷”。雅鲁藏布江大峡谷位于青藏高原上，长 504.6 千米，最深处有 6009 米，平均深度在 2268 米，其深度、宽度都超过了“科罗拉多大峡谷”，成为世界峡谷之首。

在这里，人们可以一睹千奇百怪的侵蚀地貌——怪石嶙峋，重峰叠嶂，包括岩塔、沟壑、小方山、岩峰等。按其形态特点，当地人给它们起了许多富于神话色彩的雅称，如黄金梯、天使窗、娃娃室、月亮神殿、阿波罗神殿、天仙岛等，甚至还有以中国古代圣人命名的孔子峰和孟子峰。大峡谷的壮丽景观给人的视觉效果是非常震撼的。目前，大峡谷国家公园是全美最受欢迎的国家公园之一，每年的参观人数约有 400 万之多，平均一天就有 1.09 万名游客前来参观。

活的地质史教科书

大峡谷不仅有美丽的自然风光，还是一部“活的地质史教科书”。大峡谷两侧崖壁上，有着各个不同地质时代的岩层，层次清楚，色泽鲜艳。由上而下，有前寒武纪、古生代、中生代各个时期的岩层。在中生代和古生代岩层中，还含有十分丰富的标准化石。有原始的单细胞植物、原始鱼类、三叶虫、昆虫、羊齿植物，也有巨大的爬虫类动物等，各个地质时期的代表性生物化石，应有尽有。据研究，这里发现的动物有 90 余种，鸟类有 180 多种。

科罗拉多大峡谷记录了地球生物的演化过程，为人类揭开地层和生物的演化奥秘提供了丰富的实物证据。这些层次分明、颜色各异的岩石代表着不同的地质时代。正是因为这些五彩缤纷的岩石、矿物，才使大峡谷的景观缤纷多彩、瞬息万变、奇妙无比。

非洲雄奇壮丽的峡谷——南非布莱德河峡谷

布莱德河峡谷是世界第三大峡谷，并且是唯一的绿色峡谷，堪称自然奇景。它位于南非克鲁格国家公园西边的布莱德河峡谷自然保护区，是姆普马兰加省仅次于姆普马兰加国家公园的观光景点。

一段难忘的历史

布莱德河，在当地意为“欢乐的河流”，关于这个名字还有一个鲜为人知的故事。

据说在1840年布尔人大迁徙中，由波特吉特率领的移民队伍翻山越岭来到这里时，曾派一些勇士顺着峡谷去寻找能够定居下来的地方。但这些人一去几个月，杳无音信。留守的妇女们以为他们已遭不测，便伤心地将距离营地不远的一

趣味故事

波克的幸运穴

在布莱德河和楚尔河交汇的地方，十分神奇。据说从桥上向瀑布的漩涡里投掷硬币，自己许下的愿望便会实现。这个地方的得名与一个名叫波克的人有关。一天，他低头俯瞰河床的怪石与成群的壶穴时，突然看见瀑布下的壶穴里有许多东西在不停地闪烁着。他曾好奇地攀下陡峭的瀑布底，发现了一粒粒成色极好的金粒。波克十分幸运，一夜暴富，这里也因此被命名为“波克的幸运穴”。

条河命名为“楚尔河”，意为哀伤的意思。谁知几天后，这些勇士突然安然返回，这令营地里所有的布尔人喜出望外，于是大家将这条河改名为“布莱德河”，而将“楚尔河”的名字留给了它旁边不远的另一条支河，以缅怀布尔人这段难忘的历史。

世界上第三大峡谷

布莱德河峡谷长度约 26000 米，深达 800 米，主要构成是红砂岩。峡谷最高点海拔超过 1900 米，最低点约在海平面以下 600 米，是世界第三大峡谷。它是因布莱德河河水切穿德拉肯斯堡山的陡坡而形成的。

由于多年水流的冲击，这里的红色山岩早已被冲出了一个个凹凸不平的坑洞，有些地方甚至形成了空洞。它在山区刻画出一道深邃的峡谷，相互交织，河谷上方形成了许多壮观的景色：水库和 3 个圆形茅屋形状的奇石、瀑布、奇妙的风景、“上帝的窗户”、岩石的塔等。现在，这里是布莱德河峡谷自然保护区，其间瀑布、奇石景观特殊，有千年滴水穿石的奇特景观。身在其中，我们不得不赞叹大自然的巧夺天工。

人间的“上帝之窗”

“上帝之窗”位于南非著名的大断崖上，是世界著名景点之一。这里山峦叠嶂，地势陡峭，四面群山环绕。只见清晨平地的水汽还未上升时，从脚下的克鲁格低地，越过莫桑比克海岸平原，远至印度洋的日出都尽收眼底；一过中午，平原水汽蒸发，漫天乱云。布莱德河峡谷从南到北一路蜿蜒约 19 千米，自高原平面向下凿切 750 米深，声势浩大，摄人心魄。到了峡谷下游，河道仿佛刀削的悬崖，造成一座奇特的蚀地山丘，山顶上又留下三个高耸的尖山，三座并排的岩峰就像三间并排而建的非洲土著茅屋，又称为“三茅屋”奇岩。

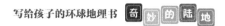

世界三大跨国瀑布之一——北美尼亚加拉瀑布

尼亚加拉大瀑布是世界上最大的瀑布，也是北美最壮丽的奇景。它被印第安人形象地称为“雷神之水”，那宏伟的气势，低沉雄浑的水声，层层泛起的水雾，都让前来这里的游人为之惊叹，为之倾倒。

“雷神之水”下凡间

尼亚加拉瀑布地处加拿大和美国之间的尼亚加拉河上。水量丰富的尼亚加拉河流经北美伊利湖和安大略湖之间的断崖时，水位产生巨大落差。在此，丰沛的河水以万钧雷霆之势直冲而下，形成瀑布，气势磅礴，发出雷鸣般的响声，摄人心魄。

知识链接

1678 年，法国传教士路易·肯列平第一次见到尼亚加拉大瀑布，他详细地记述了自己的见闻，并广为传播。后来，越来越多的人闻声来到这里，一睹尼亚加拉瀑布的魅力。看着滔滔飞流，有人甚至把它视为爱情源泉的象征。拿破仑的弟弟耶洛姆·波拿巴就曾携新娘到尼亚加拉瀑布度蜜月，开创了到此旅行结婚风俗之先河。

尼亚加拉河在下坠成瀑前，山羊岛和鲁那岛如两柄利剑，突出河面，将河水分成三股瀑布。关于“山羊岛”的由来，还有一段悲痛的历史。原来，这个多石小岛景致幽雅，绿树成荫，印第安人曾把它视为“圣地”，并把已故首领安葬在岛上，希望借此升入天堂，那时这个小岛名为“快乐岛”。后来，殖民者纷纷介入北美大陆，岛上的印第安人被驱赶一空，只有一群山羊留在岛上。在严寒的冬天，大群山羊被冻死，只有一只公羊幸存，小岛便改名为“山羊岛”。

世界最壮观的瀑布

尼亚加拉瀑布是世界第一大瀑布，总宽度 1240 米，流量达 5300 立方米 / 秒，而且水流稳定。它的形成可以追溯至 1.2 万年以前，当时的融冰引起伊利湖水泛滥，形成了尼亚加拉河。后来，河水长期冲刷、切削断崖，形成了尼亚加拉瀑布。

尼亚加拉瀑布由相近的三个瀑布组成。最大的叫加拿大瀑布（也叫马蹄形瀑布），瀑布宽 762 米，高 51 米；第二大的是美国瀑布（也叫亚美尼加瀑布），在美国境内，规模是加拿大瀑布的 1/3；第三个瀑布最小，也在美国境内，叫新娘面纱瀑布。这三个瀑布统称为三姐妹瀑布，总称尼亚加拉瀑布。

其中最大的加拿大瀑布，因形状像马蹄，又叫马蹄形瀑布。它的水量极大，水从50多米高的地方垂直落下，气势非凡，溅起的浪花和水汽最高可达100米，也是最壮观、惊险的场面。尼亚加拉河的河水，约有85%从这里泻落。

移动的尼亚加拉

尼亚加拉瀑布河流水源丰富而稳定，是中国黄河水量的500多倍，在整个美洲也首屈一指。河水奔泻而下，浪花飞溅，浓雾弥天，在阳光的照耀下，就像万卷珠帘垂挂，偶尔出现的美丽彩虹穿插其间，为其更添壮美之色。英国著名作家狄更斯到此后，曾赞叹道："尼亚加拉大瀑布优美华丽，深深撼动我的心田。"

不过，几个世纪以来，瀑布也发生了明显的变化。瀑布正逐渐后退，照此下去，河水将逐渐聚流到加拿大一侧，美国的瀑布甚至会干涸。再加上美国在瀑布上游修了几座大水电站，巨大水量被截走，也使尼亚加拉河水的冲力减弱。如此一来，在不久的将来我们将难以再见世界第一大瀑布的奇观。

以英国女王的名字命名的瀑布——非洲维多利亚瀑布

在众多的瀑布中，位于非洲的维多利亚瀑布，以其气势磅礴、水雾滔天的特点享誉人间，是世界著名的游览胜地，在世界七大自然奇观中榜上有名。

一个传教士的发现

维多利亚瀑布位于赞比西河流上，当河水流至赞比亚西部和津巴布韦交界处不远的地方时，突然出现一个千丈峡谷，迎面拦住河的去路。不料，在宽约1800米的峭壁上，河水整个跌入100多米深的峡谷中，卷起千堆雪、万重雾。只见雪浪翻滚，湍流怒涌。整个瀑布呈“之”字形，在瀑布的底部是个很深的潭。

据地理学家推断，这条瀑布形成于 1.5 亿年前。最早发现这个大瀑布的，是英国传教士利文斯敦，他在 1855 年 11 月 16 日来到这里，于是以当时英国女王的名字，将它命名为维多利亚瀑布。

趣味故事

关于维多利亚瀑布的动人传说

关于维多利亚瀑布，流传着一个动人的传说：据说在瀑布的深潭下面，每天都有一群如花似玉的姑娘，夜以继日地敲着非洲的金鼓，金鼓发出的声音变成了瀑布震天的轰鸣；姑娘们身上穿的五彩衣裳散发出的光芒被瀑布反射到天上，在太阳的照耀下变成了美丽的七色彩虹；姑娘们舞蹈溅起的千姿百态的水花，变成了弥天的云雾。

绚烂多姿的大瀑布

当地人称维多利亚瀑布为“莫西奥图尼亚”，意思是“雷霆翻滚的雨幕”。直到 1964 年 10 月 24 日赞比亚独立，当地政府恢复了

莫西奥图尼亚瀑布的称呼。但由于维多利亚这个名称叫了150多年，所以现在人们仍然习惯称它为维多利亚大瀑布。维多利亚瀑布被誉为世界最优美的瀑布，坐落在瀑布区下侧的维多利亚瀑布城建有“维多利亚瀑布国家公园”。

维多利亚大瀑布宽约1700米，最大落差110米，最大流量每分钟5亿立方米以上，瀑布被巴托卡峡谷上面4个岛屿划分为5段，其中4段在津巴布韦，1段在赞比亚。5段瀑布自西往东，依次为魔鬼瀑布、主瀑布、马蹄瀑布、彩虹瀑布和东瀑布。魔鬼瀑布长30多米，水流湍急，气势磅礴，从对岸观景清晰可见。

世界上最宽的瀑布——南美伊瓜苏瀑布

伊瓜苏瀑布位于阿根廷北部和巴西交界处，伊瓜苏河下游，伊瓜苏国家公园内，被誉为“南美第一奇观”，是世界上最壮观的瀑布之一。它的名称来自印第安语，意思是“巨大的水”。

南美第一奇观

关于伊瓜苏瀑布的来历，流传着一个美丽的爱情传说。很久以前，在印第安的一个部落里，有一位酋长的女儿爱上一位青年。这位青年聪明英俊，可是家境贫困，酋长不愿意将女儿嫁给他。酋长的女儿苦苦哀求，也没有得到父亲的准许，最后挥泪投进了伊瓜苏河。据说，她的泪水顿时化成了滚滚洪水，飞流直下，变成了伊瓜苏瀑布。

1542年，西班牙人阿尔瓦雷兹沿着拉普拉塔河探险时发现了这一瀑布，将其命名为“桑塔玛利亚”，可是这一名字并没有被世人接受，人们仍以当地住民的称谓来为大瀑布命名。

世界上最宽的瀑布

巴西和阿根廷的交界处有一条河，叫伊瓜苏河。它开始由北向南分隔两国，又忽然拐了个大于 90 度的弯，向东流去。但是这个弯拐得过大，东边的地势低了一大截，于是就有了伊瓜苏瀑布这个马蹄形的大瀑布。发源于巴西境内的伊瓜苏河在汇入巴拉那河之前，水流逐渐变缓，在阿根廷与巴西边境，河宽 1500 米，像一个湖泊。水往前流陡然遇到一个峡谷，河水顺着倒 U 形峡谷的顶部和两边向下倾泻，凸出的岩石将河水切割成 270 多个瀑布，平均落差 80 米，形成一个格外壮观的半环形瀑布群，总宽度 3000 ~ 4000 米，是世界上最宽的瀑布群。

伊瓜苏瀑布是北美洲尼亚加拉瀑布宽度的 4 倍，比非洲的维多利亚瀑布还要大一些。即使在 20 多千米外，也能听到瀑布的轰鸣声。阳光下，会在此看到无数鲜艳夺目的彩虹，十分壮观。每年有 200 万游客从阿根廷或巴西前来游览。

分属两国的世界遗产

因为伊瓜苏瀑布跨越了两个国家——阿根廷和巴西，所以被划入各自的国家公园，两国的国家公园都被作为自然遗产列入《世界遗产名录》。伊瓜苏瀑布群有 200 多条瀑布、三大瀑布群，有各式各样的名字，如“情侣”“亚当与夏娃”“圣马丁”“魔鬼咽喉”等，分属巴西和阿根廷所有，其中大都在阿根廷。有趣的是，这里的瀑布相对而泻，若要正面欣赏自己一方的瀑布，必须要过河出国到另一方。

在这些瀑布中，号称“魔鬼咽喉”的一处瀑布是最高、最壮观的瀑布群。只见巨大的水流发出巨大的轰鸣声，震耳欲聋，令人惊恐。正因如此，才有了这么可怕的名字。

拓展阅读

世界上最高的瀑布

安赫尔瀑布位于委内瑞拉东南部，是世界上最高的瀑布。河水从圭亚那高原卡尔奥河的支流上，从陡壁直泻下来，落差达到 979 米，相当于尼亚加拉瀑布高度的 18 倍，是世界上落差最大的瀑布。1937 年，美国飞行员吉姆·安赫尔因飞机失事坠机偶然发现了它，后来就以安赫尔命名，以示纪念。

▲南美伊瓜苏瀑布

大自然的神奇造化

世界地形地貌丰富多彩，雄伟奇特、巧夺天工的地貌景观，是大自然留给人类的神奇造化。本章将介绍几处世界地貌之最，一起来欣赏奇妙的大自然吧！

世界最大的三角洲——恒河三角洲

恒河三角洲位于南亚孟加拉地区，西起胡格利河，东至梅格纳河，南濒孟加拉湾，大部分在孟加拉国南部，小部分在印度的西孟加拉邦。它是世界上最大的三角洲，汇集了恒河、布拉马普特拉河、梅格纳河三大水系。

绿色三角洲

恒河三角洲总面积超过10万平方千米，相当于三个珠江三角洲，在世界三角洲中是名副其实的“老大”。恒河三角洲的大部分土地由冲击土构成，向东则

拓展阅读

地球上人口最密集的地区之一

恒河三角洲是世界上人口最密集的大河流域，这里大约挤住着 1.15 亿～ 1.43 亿的人口。三角洲大部分地区的人口密度超过 200 人 / 平方千米，是地球上人口最密集的区域之一。尽管现在的三角洲环境日益恶化，但人们仍不愿搬离。

转变成红色或红黄色的红土，土壤中含有大量的营养物质，非常有利于农耕。三角洲由河流、沼泽、湖泊和洪积平原构成，是世界上最肥沃的地区之一，被称为“绿色三角洲”。三角洲地区农业发达，是南亚次大陆水稻、小麦、玉米、黄麻、甘蔗等作物的重要种植区，是孟加拉国与印度重要的农业区，也是世界黄麻的最大产区。渔业也是三角洲地区一个重要的产业，鱼类是该地区主要的食物来源。

洪水、海啸肆虐之地

现在，不可预期的洪水和海啸正频频在恒河三角洲这片土地上肆虐，由于恒河出海口地势平，海拔低，河网密集，海岸线呈漏斗形，所以风暴潮不易分散，而是聚集在恒河口附近，形成剧烈的潮水涌向恒河三角洲平原，引起大面积洪水泛滥。

恒河三角洲承载了喜马拉雅山 92% 的融化雪水。近年来，由于全球升温明显，印度恒河三角洲以及南部的洪水暴发频率从十年一次上升到一年几次。对于居住在三角洲上的居民来说，修筑黏土墙是他们唯一可以做的。

三角洲中的红森林

不要以为三角洲中只有水存在，其实在三角洲滨海一带，即恒河河口地区还生长着大片茂盛的红树林，占地约 8000 平方千米，是世界上最重要的红树林区之一，被当地的居民称为“美丽的森林”。但是由于人口的压力，在过去 2 ～ 3 个世纪中，这片红树林的覆盖面积减少了近一半。

世界最大的沙漠——非洲撒哈拉沙漠

撒哈拉沙漠位于东半球的非洲，横贯非洲大陆北部，东西长达 5600 千米，南北宽约 1600 千米，面积约 960 万平方千米，与中国的国土相当，约占非洲总面积的 32%，是世界上最大的沙漠。

岩画里的生命传奇

“撒哈拉”在阿拉伯语里是“大荒漠”的意思，被称为“生命的坟墓”。这里除了沙丘、石砾、酷热、死亡，很少给人以生命的印象。然而谁能想到，这个风沙滚滚的大沙漠前身却是一片绿洲。

人们在撒哈拉沙漠发现了许多珍贵的石刻和岩画。这些石刻和岩画真实地展现了当年人类日常生活的面貌。通过图画，我们可以发现有人在划着独木舟追猎河马，可见当时撒哈拉已经有江河。画面上浓茂的草原及各种悠然自得的动

物——长颈鹿、羚羊、水牛、大象，说明撒哈拉那个时候有充沛的水源和美好的环境。根据这些岩画，在5000多年前，撒哈拉是处于高温和多雨的时期，这里大部分地区是一片植物茂盛的肥沃土地。

从绿洲到沙漠的巨变

那么，它是如何从绿洲变成沙漠的呢？有人认为，撒哈拉沙漠的形成最初是很缓慢的，直到约4300年前大量沙尘开始吹入这一地区，才让这里变成了辽阔无际的沙漠瀚海。其实不然，撒哈拉沙漠的形成是几个原因综合导致的：首先，撒哈拉处在北回归线附近，常年受副热带高气压下沉气流的控制，不容易形成降雨，所以气候十分干旱，大部分地区年降水量在100毫米以下。其次，其东北部是亚欧大陆，这里有来自亚洲内陆的东北信风，加剧了气候干燥，沙漠可直抵东部红海沿岸，而非洲大陆北部在北回归线穿过处最宽，回归高压带控制的范围就扩大了，导致沙漠面积扩大。最后，非洲北部以低高原地形为主，地形单一，有利于气流运行，使热带干旱气候变化小。西部大西洋沿岸有加那利寒流流经，即使在大西洋沿岸也是少雨的冷沙漠气候。所以，撒哈拉沙漠成为世界上面积最大的沙漠。

神奇迷人的撒哈拉风光

撒哈拉沙漠地貌类型多样，主要由岩漠、砾漠和沙漠组成。其地形地貌包

知识链接

1850年，德国探险家到撒哈拉沙漠考察时发现岩壁上刻有鸵鸟、水牛及各种人物像，而后引起了人们的广泛关注。后来，美国“哥伦比亚”号航天飞机在一次飞行中经过撒哈拉上空时，利用雷达电波，对这里进行了一次半径50千米的扫描探测，显示撒哈拉大沙漠地下有多条暗河道和河谷。这一切足以证明，在遥远的过去，撒哈拉大沙漠确实曾是海洋。

括多样的沙丘、火山遗迹的黑色沙漠、风蚀地形的白色沙漠等。在广袤的撒哈拉沙漠中，不仅有遍地黄沙和漫天风暴，还分布着一些绿洲。绿洲是地下水出露或溪流灌注的地方。这里有流水，更有数不尽的植物，比如高大的阿拉伯胶树、枣椰树等，还有随处可见的三芒草、仙人掌等耐干热植物，以及适应荒漠环境的鸵鸟、狐狸、羚羊、跳鼠等动物，组成了生机勃勃的沙漠风光。

据介绍，这里的居民只有 250 万人，每平方千米还不到 0.4 人。偌大的面积空无一人，但是只要贫瘠的植被能供养牲畜，或者有可靠的水源，散落的人群便会在这片世界上最艰困的环境中和岌岌可危的生态环境中生存下去。

世界最大的火山口——阿苏山

阿苏山位于日本九州岛熊本县东北部，以具有大型破火山口的复式火山闻名于世，是日本著名的活火山，也是世界上最大的火山口。

拓展阅读

我国最小的火山口

我国有多处著名的火山口，如长白山天池、天山天池、阿尔山天池、五大连池等，这些火山口都是著名风景区和国家地质公园，而且规模一般都比较大。但你知道我国最小的火山口在哪里吗？我国最小的火山口是一个火山口群，每一个口有1.5 ~ 2米那么大，在台湾野柳地质公园内，是台湾的一个著名风景区。

椭圆形的“巨蛋”

距今 3.3 万年前形成的世界上最大的破火山口阿苏山，远远看去就像一个椭圆形的“巨蛋”。阿苏山地处东西走向的白山火山带和南北走向的雾岛火山带的交汇点，由流纹岩等组成，如今已成为旅居胜地。

没有绿色的世界

阿苏山向人们展示了一个没有绿色的别样世界——阿苏山周围没有绿植覆盖，因为它的火山口会不时喷出硫磺烟雾，这些烟雾导致阿苏山的周边地区寸草不生，只有裸露的棕褐色的岩层。

那么阿苏山是从什么时候开始变得“光秃秃”的呢？这要追溯到 5 万年前，阿苏火山群猛烈喷发后，火山熔岩覆盖了整个地区。而后经过多年侵蚀冲刷，逐渐形成了全世界最大的火山洼地地形，也就是现在我们看到的这个没有绿色的世界。

世界体积最大的火山——冒纳罗亚火山

冒纳罗亚火山是夏威夷群岛的最高峰，也是一个活跃盾状活火山，它的容量大约为 75000 立方千米，是体积最大的火山。

孤立的火山

冒纳罗亚火山原名意为“长山”，为世界最大孤立山体之一。在过去的200年间，冒纳罗亚火山约爆发过35次。最壮丽的一次发生在1959年11月，当时沸腾的岩浆冒着气泡从一个长达1500米的缺口处喷射出来，持续了一个月，岩浆喷出的最高高度超过了纽约的帝国大厦。至今，在冒纳罗亚火山山顶上，还留有多个锅状火山口和宽达2700米的大型破火山口。

拓展阅读

最高的火山

世界上最高的死火山叫阿空加瓜山，它是阿根廷境内的一座火山，海拔6959米，被公认为西半球最高峰。

阿空加瓜山的山峰坐落在安第斯山脉北部，峰项在阿根廷西北部门多萨省境内，但是它的西翼一直延伸到了智利圣地亚哥以北海岸低地。

火山公园热带风情

夏威夷国家火山公园是以冒纳罗亚火山

为主体的国家公园，这个火山公园自冒纳罗亚山顶的火山口，一直延伸到海边。

在公园里，人们可以看到世界上其他地方难以见到的景致。例如火山喷发时形成的硫磺堆积起来的平原、熔岩隧道等，还可见到从分裂的地面中喷发出的含硫的热水蒸气……在冒纳罗亚活火山的几老亚喷火口，还能看到沸腾的岩浆，有时还可看到断落的岩层掉进岩浆里溅起的火炬。

世界最长的裂谷——东非大裂谷

东非大裂谷位于非洲东部，亦称“东非大峡谷”或“东非大地沟”，它是世界上最长的裂谷，也是世界大陆上最大的断裂带。

大裂谷“整形”之谜

为什么东非大裂谷会成为世界上最长的裂谷呢？难道它和人一样，做过整形手术吗？这简直太匪夷所思了。

地质学家们考察研究后推测出，大约3000万年以前，由于强烈的地壳运动，使得同阿拉伯古陆块相分离的大陆漂移运动形成了这个裂谷。那时候，这一地区的地壳处在大运动时期，整个区域出现抬升现象，产生巨大的张力，正是在这种巨大张力的作用之下，地壳发生了大断裂，从而形成了这条世界上最长的裂谷。

知识链接

有许多人在看到东非大裂谷之前，凭想象认为，那里一定是一条狭长、幽暗、阴森、恐怖的断涧，其间荒草漫漫，奇岩怪石，荒无人烟。

但事实完全不是那样，当你来到裂谷之处，展现在眼前的完全是另外一番景象，这些裂谷带中的湖泊，水色湛蓝，辽远广阔，变化万千，而且湖区水量丰富，湖滨土地肥沃，植被茂盛，野生动物众多，是个充满魅力的胜地。

地球的大伤疤

东非大裂谷带位于非洲东部，是全非洲最高的地带，总面积 500 多万平方千米，长度相当于地球周长的 1/6。

东非大裂谷南起赞比西河口，向北经马拉维湖分为东西两支：东支主裂谷沿维多利亚湖东侧，向北经坦桑尼亚、肯尼亚中部，穿过埃塞俄比亚高原入红海，再由红海向西北方向延伸抵约旦谷地，全长近 6000 千米，谷底与断崖顶部的高差从几百米到 2000 米不等。西支裂谷带大致沿维多利亚湖西侧由南向北穿过坦噶尼喀湖、基伍湖等湖泊，向北逐渐消失，规模比较小，全长 1700 多千米。